面向"十二五"高职高专课程改革教材
高等职业学校提升专业服务产业发展能力项目课程改革研究成果

焊接技能实训

主编 郭玉利 曹 慧

北京理工大学出版社
BEIJING INSTITUTE OF TECHNOLOGY PRESS

版权专有　侵权必究

图书在版编目（CIP）数据

焊接技能实训/郭玉利，曹慧主编．—北京：北京理工大学出版社，2013.12（2020.8重印）

ISBN 978-7-5640-4445-9

Ⅰ．①焊… Ⅱ．①郭… ②曹… Ⅲ．①焊接 Ⅳ．①TG4

中国版本图书馆 CIP 数据核字（2013）第 266160 号

出版发行 / 北京理工大学出版社有限责任公司
社　　址 / 北京市海淀区中关村南大街 5 号
邮　　编 / 100081
电　　话 / (010) 68914775（总编室）
　　　　　82562903（教材售后服务热线）
　　　　　68948351（其他图书服务热线）
网　　址 / http：//www.bitpress.com.cn
经　　销 / 全国各地新华书店
印　　刷 / 北京虎彩文化传播有限公司
开　　本 / 710 毫米 × 1000 毫米　1/16
印　　张 / 6.5　　　　　　　　　　　　　　责任编辑 / 张慧峰
字　　数 / 91 千字　　　　　　　　　　　　文案编辑 / 谢彩霞
版　　次 / 2013 年 12 月第 1 版　2020 年 8 月第 6 次印刷　　责任校对 / 周瑞红
定　　价 / 19.00 元　　　　　　　　　　　　责任印制 / 李志强

图书出现印装质量问题，请拨打售后服务热线，本社负责调换

前 言
PREFACE

随着我国工业技术，尤其是装备制造业的大力发展，焊接已从简单的构件连接或毛坯制造发展成为机械工业设备升级和提高性价比的首选技术。焊接技术的普及和发展，需要大批高素质的焊接工艺人员和焊工。在焊接专业的课程中，焊接技能实训环节尤为重要，但目前还缺乏适合焊接生产性实训和项目实习的实训教材，这在很大程度上影响了焊接技能实训的效果。

本书是我校焊接实训中心多年从事焊接技能实训的经验总结，结合了当代高职高专院校的建设方针，集中体现了注重实际应用能力培养的教学特点。全书具有很强的综合性和实践性，以焊接技能实训项目为目标，从焊接工艺分析、安全规程及操作要点掌握、基本技能训练到综合能力训练，强调了实际加工训练，具有很强的可操作性。

本书遵循培养职业能力的基本规律，以真实工作情景为依据，设计了三个项目，系统介绍了手工焊条电弧焊、二氧化碳气体保护焊、手工钨极氩弧焊的安全操作规程及常见的操作技术培训方法，每个项目都有具体的评价、评分标准。

本书由内蒙古机电职业技术学院郭玉利、曹慧主编。在编写过程中，刘敏丽教授及张发老师对本书提出了许多宝贵的修改意见,并给予了很多关心和帮助。此外,编者还参阅了国内有关培训教材、资料及一些网络资料,在此对相关作者表示衷心的感谢。

由于编者水平有限,书中难免出现错误和不足之处,敬请广大读者批评指正。

编 者

目 录
Contents

项目一 手工焊条电弧焊 ·········· 1

1.1 手工焊条电弧焊安全操作规程 ·········· 1

- 1.1.1 手工焊条电弧焊的安全隐患 ·········· 1
- 1.1.2 触电 ·········· 1
- 1.1.3 电弧辐射 ·········· 2
- 1.1.4 有毒、有害气体和烟尘 ·········· 2
- 1.1.5 火灾与爆炸 ·········· 3
- 1.1.6 烧伤、烫伤 ·········· 3
- 1.1.7 噪声 ·········· 3
- 1.1.8 高空坠落 ·········· 3

1.2 手工焊条电弧焊安全防护规程 ·········· 4

- 1.2.1 防触电的安全措施 ·········· 4
- 1.2.2 防电弧辐射的安全措施 ·········· 4
- 1.2.3 防有毒、有害气体和烟尘的安全措施 ·········· 5
- 1.2.4 防火灾与爆炸的安全措施 ·········· 6
- 1.2.5 防烧伤、烫伤的安全措施 ·········· 6
- 1.2.6 防噪声的安全措施 ·········· 7

1.2.7 防高空坠落的安全措施 …………………………… 7
1.3 手工焊条电弧焊焊接设备与工具的使用安全 …………… 7
　　1.3.1 电焊机 …………………………………………… 7
　　1.3.2 电焊钳 …………………………………………… 8
　　1.3.3 焊接电缆 ………………………………………… 8
1.4 手工焊条电弧焊操作技术 ……………………………… 9
　　1.4.1 板与板对接平焊单面焊双面成型技术 ………… 9
　　1.4.2 板与板对接立焊单面焊双面成型技术 ………… 14
　　1.4.3 板与板对接横焊单面焊双面成型技术 ………… 20
　　1.4.4 板与板对接仰焊单面焊双面成型技术 ………… 26
　　1.4.5 管与管对接垂直固定焊操作技术 ……………… 31
　　1.4.6 管与管对接水平固定焊操作技术 ……………… 36
　　1.4.7 管对接45°倾斜固定焊操作技术 ……………… 42
　　1.4.8 插入式管板垂直固定平焊操作技术 …………… 47
　　1.4.9 插入式管板水平固定焊操作技术 ……………… 50

项目二 二氧化碳气体保护焊 …………………………… 54

2.1 二氧化碳气体保护焊安全操作规程 …………………… 54
　　2.1.1 施焊前准备工作 ………………………………… 54
　　2.1.2 焊接的注意事项 ………………………………… 55
　　2.1.3 设备与工具的使用安全 ………………………… 55
2.2 二氧化碳气体保护焊操作技术 ………………………… 56
　　2.2.1 板与板对接平焊单面焊双面成型技术 ………… 56
　　2.2.2 板与板对接立焊单面焊双面成型技术 ………… 62
　　2.2.3 板与板对接横焊单面焊双面成型技术 ………… 67
　　2.2.4 板与板对接仰焊单面焊双面成型技术 ………… 73

项目三 手工钨极氩弧焊 ……………………………………… 79

3.1 手工钨极氩弧焊安全操作规程 …………………………… 79
3.1.1 施焊前准备工作 ………………………………………… 79
3.1.2 焊接的注意事项 ………………………………………… 79

3.2 手工钨极氩弧焊操作技术 ………………………………… 80
3.2.1 板与板对接平焊单面焊双面成型技术 ………………… 80
3.2.2 管与管对接垂直固定焊操作技术 ……………………… 85
3.2.3 管与管对接水平固定焊操作技术 ……………………… 89

参考文献 …………………………………………………………… 95

项目一

手工焊条电弧焊

1.1 手工焊条电弧焊安全操作规程

1.1.1 手工焊条电弧焊的安全隐患

手工焊条电弧焊（简称手工电弧焊或手弧焊）是一种手工控制焊条，利用焊条与焊件之间的电弧热，使焊条与焊件熔化形成焊缝的焊接方法。焊接时，焊件作为一个电极，焊条作为另一个电极。

手工电弧焊因其设备简单，操作方便，适应环境能力强，所以被广泛应用于各行各业的焊接作业中。但其操作过程中的安全隐患比较多、比较突出，因此有必要对手工电弧焊的安全知识、设备工具及操作流程中要注意的事项进行了解，以避免在焊接作业中发生事故，从而保护操作人员和财产的安全。

由于电焊机的动力是电能，且电弧在燃烧过程中产生高温和强烈的弧光，焊条在高温下熔化产生大量的有害气体和烟尘，所以手工电弧焊在操作过程中会产生许多不安全因素。在焊接作业中产生的触电，电弧辐射，有毒、有害气体和烟尘，火灾和爆炸，烧伤、烫伤，噪声和高空坠落构成了手工电弧焊的七大职业危害。所以在焊接作业中，操作人员一定要注意个人防护，特别要注意对头部、面部、呼吸道、手部、身躯等方面的防护。

1.1.2 触电

因焊接作业大多是在露天条件下进行的，焊机、焊把线及电源线多处在高温、潮湿（建筑工地）和粉尘的环境中，且焊机常常超负荷运行，所以电源线、电器线路易绝缘老化，绝缘性能降低，极易导致漏电。在焊接过程中，经常要更换焊条和调节焊接电流，所以操作人员在操作时会直接接触电极，而焊接电源通常是220V/380V，因此，当安全保护装置存在故障，保护用品不合格，操作者违章作业时，就可能引起触电事故。如果操作人员在金属容器内、管道上或潮湿的环境中焊接时，触电的可能性会更大。

焊机空载时的电压一般为60~90V，这往往容易为操作人员所忽视。电压虽然不高，但也超过了安全电压36V的标准，所以空载对操作人员仍具有一定的危险性。假设焊机的空载电压为70V，人在高温、潮湿环境中作业时人体的电阻约为1 600Ω，若焊工用手直接接触钳口，则通过人体的电流为$I = U/R = 70/1\ 600 = 44$（mA）。在该电流的作用下，操作人员的手会发生痉挛，从而易造成触电事故。

1.1.3　电弧辐射

电弧辐射会产生对人体有危害的紫外线、红外线以及强烈的可见光，但不会产生对人体有较大危害的X射线。紫外线能强烈地刺激和损害人的眼睛、皮肤等，即使人受到短时间的紫外线辐射，也可能引起眼睛发炎，形成电光性眼炎。电光性眼炎发病的轻重程度要看受紫外线照射的程度如何，一般数小时后即会出现症状。首先是眼睛疼痛，有揉进沙子的感觉，且伴有流泪、畏光、怕风。接下来会眼睛发炎，结膜受到感染，而且常常是半夜里突然感到眼睛剧痛。当人的皮肤受到紫外线照射时，先是出现奇痒、发红和疼痛的症状，然后会起泡、发黑和脱皮。当使用惰性气体保护焊、等离子焊接、切割等电流密度高的焊割方法时，其辐射程度尤为厉害，往往在短时间内就可使人的眼睛和皮肤受到损伤。红外线是热辐射线，当人的眼睛受到红外线照射时，会使眼球晶体发生变化，长时间照射甚至会导致白内障。强烈的可见光可使人的眼睛模糊，当长时间照射时，会引起视力下降。

1.1.4　有毒、有害气体和烟尘

由于焊接过程中产生的电弧温度会达到4 000℃~6 000℃，所以焊芯、药皮和金属焊件熔融后会发生汽化、蒸发和凝结现象，从而产生大量的锰铬

氧化物及有害烟尘。同时，电弧的高温和强烈的辐射作用，还会在周围的空气中产生臭氧、氮氧化物等有毒气体。当操作人员长时间在通风条件不良的环境下从事焊接作业时，会吸入这些有毒、有害气体和烟尘，这对人体健康有很大的影响。此外，操作人员还要经常进入金属容器、设备、管道、储罐等封闭或半封闭的场所进行施焊，这更增加了操作人员受伤害的可能性。如果是焊接储运或生产过有毒、有害介质及惰性气体等的容器，一旦操作不当，防护措施不到位，就会极易造成作业人员中毒或缺氧窒息。

1.1.5 火灾与爆炸

焊接属于明火作业，它需要同可燃、易燃和易爆物质及压力容器打交道。特别是在化工生产设备、油罐和油料容器以及空气流通较差的地下室焊接时，存在着较大的火灾与爆炸危险性。如果发生了这类事故，不仅会损坏厂房和设备，而且极易造成人员伤亡。

1.1.6 烧伤、烫伤

在焊接过程中，会产生电弧、金属熔渣及大量的飞溅物。如果焊接操作人员没有穿戴好电焊专用的防护工作服、手套和工鞋，就有可能被电弧烧伤或被金属熔渣、飞溅物以及还处于红热状态的金属焊件烫伤。

1.1.7 噪声

在焊接过程中，操作人员会不可避免地接触碳弧气刨、等离子切割等操作。进行这些操作时会发出很强烈的噪声，如果操作人员长期在这样的环境中工作，就可能引起噪声性耳聋。

1.1.8 高空坠落

因施工需要，焊接操作人员经常需要登高作业。如果防高空坠落措施没有做好，如：脚手架搭设不规范，没有经过验收就使用；上下交叉作业没有采取防物体打击隔离措施；操作人员个人安全防护意识不强，登高作业时不戴安全帽、不系安全带等，那么一旦操作人员行走不慎或受到意外物体打击作用时，就有可能造成操作人员高空坠落的事故。

1.2 手工焊条电弧焊安全防护规程

1.2.1 防触电的安全措施

防触电的总原则是采取绝缘、屏蔽、隔绝、漏电保护和个人防护等安全措施，以避免人体触及带电体。具体措施有以下几种：

(1) 使用的焊接设备及电源电缆必须是合格品，它们的电气绝缘性能与所使用的电压等级、周围环境及运行条件要相适应。应安排专人对电焊机进行日常维护和保养，防止其被日晒雨淋，以免降低焊机的电气绝缘性能。

(2) 当焊机发生故障进行检修，需要移动工作地点，改变接头或更换保险装置时，操作人员必须在操作前切断电源。电源切断后，还应在电闸上挂上"有人工作，严禁合闸"字样的指示牌。

(3) 在安装焊机的电源时不要忘记同时安装漏电保护器，以确保一旦人体触电，电源就会自动断电。当操作人员在潮湿的环境中或金属容器、设备、构件上焊接时，必须安装额定动作电流不大于15mA，额定动作时间小于0.1s的漏电保护器。

(4) 对于焊机壳体和二次绕组引出线的端头应采取保护接地或接零措施。当电源为三相三线制或单相制系统时，应安装保护接地线，其电阻值不超过4Ω；当电源为三相四线制中性点接地系统时，应安装保护接零线。

(5) 加强对作业人员用电安全知识及自我防护意识的教育，要求焊接操作人员作业时必须穿绝缘鞋、戴专用绝缘手套，并禁止雨天露天施焊。当在特别潮湿的场所焊接时，作业人员必须站在干燥的木板或橡胶绝缘片上。

(6) 禁止利用金属结构、管道、轨道和其他金属作导线。在金属容器或特别潮湿的场所焊接时，行灯电源电压必须是12V以下的安全电压。

1.2.2 防电弧辐射的安全措施

(1) 焊接操作人员及周围的作业人员应穿戴好劳保用品，佩戴有专业滤色玻璃的面罩或眼镜。面罩上的滤色玻璃即电焊护目镜片，应根据不同的焊接方法、焊接电流、母材种类及厚薄等条件的差异选择不同的号数。护目镜片的号数，是按护目镜片颜色的深浅程度而定的，由浅到深排列。目前一般分 7，8，9，10，11，12 号六种，浅色的为小号，深色的为大号。禁止不戴焊接面罩或有色眼镜而直接观察电弧光。焊接专用工作服最好选用面上有一种阻燃布的白色工作服，这种工作服不仅可以防止弧光辐射，而且还可防止飞溅物落到身上烫伤自己。焊接操作人员应尽可能减少皮肤外露，尤其要禁止在夏天穿短裤和短裤从事焊接作业。有条件的作业人员可对外露的皮肤涂抹紫外线防护膏。

（2）施焊场地应用围屏或挡板与周围隔离。为了保护焊接场地周围其他工作人员的眼睛，一般在小件焊接的固定场所设置围屏和挡板。围屏或挡板最好选用耐火材料，如石棉板、玻璃纤维布、铁板等，并涂以深色，其高度约 1.8m，屏底距地面应留 250~300mm 的距离，以使空气能保持流通。

（3）当焊接场地周围有其他工作人员时，焊接操作人员有责任和义务提醒他们注意避开，以免弧光伤眼。一般来说，周围的工作人员应佩戴一般的防护眼镜。

（4）注意适当放松眼睛。当焊接时间较长或使用的焊接规范较大时，操作人员应注意中间休息，以使眼睛得到放松。如果操作人员已经出现电光性眼炎的有关症状，应及时治疗，如用眼药水，滴用人奶汁或用黄瓜片覆盖眼睛等，都有较好的疗效。

（5）施焊场地必须有达到要求的照明设施，禁止焊接操作人员长时间在昏暗的环境中作业。

1.2.3　防有毒、有害气体和烟尘的安全措施

（1）合理设计焊接工艺，尽量采用单面焊双面成型工艺，并减少在金属容器里焊接的作业量。

（2）如果操作人员在空间狭小或密闭的容器中焊接作业，则必须采取强制通风措施，以降低作业空间中有毒、有害气体及烟尘的浓度。

（3）尽可能用自动焊、半自动焊代替手工焊，以减少焊接人员接触有

毒、有害气体及烟尘的机会。

（4）尽可能采用低尘、低毒焊条，以减少作业空间中有害烟尘的含量。

（5）焊接时，操作人员及周围其他人员应佩戴防尘、防毒口罩，以避免烟尘吸入体内。

（6）如果操作人员长时间在固定的环境中焊接，应采取全面通风和局部通风相结合的措施，增设排烟除尘设备，以保障作业人员的身体健康。

1.2.4　防火灾与爆炸的安全措施

（1）焊接前，操作人员应检查作业下方及周围是否有易燃、易爆物，作业面是否有诸如油漆类的防腐物质。如果有这些物质，应事先做好妥善处理。

（2）在临近运行的生产装置区、油罐区内进行焊接时，必须在周围砌筑防火墙。如进行高空焊接作业时，还应使用石棉板或铁板予以隔离，以防止火星飞溅。

（3）如果操作人员在生产、储运过易燃、易爆介质的容器设备或管道上施焊时，焊接前必须检查与其连通的容器、设备或管道是否关闭或用盲板封堵隔断，并按规定对容器、设备或管道进行吹扫、清洗、置换、取样化验，经专业人员分析检查合格后才可进行施焊。

1.2.5　防烧伤、烫伤的安全措施

（1）操作人员在焊接时，必须穿戴好焊工专用的防护工作服、绝缘手套和绝缘鞋。当使用大电流焊接时，应配有焊钳防护罩。

（2）对于新焊接的部位应及时用石棉板等物体覆盖，以防止脚和身体直接触及而造成烫伤。

（3）高空焊接时，操作人员应将更换的焊条头集中堆放，禁止乱扔，以免烫伤下方的作业人员。

（4）操作人员在清理熔渣时，应戴防护镜；在高空进行仰焊或横焊时，由于火星飞溅严重，应采取隔离防护措施。

1.2.6 防噪声的安全措施

（1）吸声降噪：通常是在室内墙面或顶棚面安装吸声材料。

（2）消声器降噪：用消声器降低在各种空气动力设备的进出口或沿管道传递的噪声。

（3）隔声降噪：该做法是焊接生产中常用的噪声控制技术，即把产生噪声的机器设备封闭在一个小的空间内，以使它与周围的环境隔开，从而减少噪声对环境的影响。

（4）个人隔声降噪：

① 将小型消声器放置在噪声的出口处，这对降低噪声有较好的效果。

② 操作人员佩戴隔音耳罩或隔音耳塞，可起到较好的防护效果。

③ 在工作面周围临时设置消声材料，对降低噪声也有一定的效果。

1.2.7 防高空坠落的安全措施

（1）焊接操作人员必须定期进行体检，凡有高血压、心脏病、癫痫病等病史或饮酒后的人员禁止登高焊接。

（2）焊接操作人员登高作业时必须正确系挂安全带，戴好安全帽。焊接前，应对登高作业点及周围的环境进行检查，查看立足点是否稳定、牢靠，以及脚手架等安全防护设施是否符合安全要求，必要时应在作业下方及周围拉设安全网。

（3）焊接中涉及上下交叉作业时，应采取隔离防护措施。

1.3 手工焊条电弧焊焊接设备与工具的使用安全

1.3.1 电焊机

（1）电焊机的外壳应接地，绝缘应完好，各接点应紧固可靠。

（2）手工电弧焊电源的空载电压为：直流电源小于或等于100V，交流电源小于或等于80V。电焊机带电的裸露部分和转动部分必须有安全保护罩，以防止电焊机受到碰撞或剧烈振动。另外，电焊机应平稳地安放在通风良好、干燥的地方，禁止靠近高热、易燃、易爆的危险环境，且禁止在电焊机上放置任何物件。

（3）室外使用电焊机时应备有防雨雪措施。

（4）禁止多台电焊机共用一个电源开关，电焊机启动时，禁止电焊钳与焊件短路。电焊机工作负荷不应超出铭牌的规定，即电焊机应在允许的负载持续率下工作，不能任意长时间超载运行。电焊机应当按时检修，并保持绝缘良好，当电焊机发生故障时，必须首先切断电源由电工修理。

1.3.2　电焊钳

（1）必须有良好的绝缘性和隔热能力，电焊钳的手柄要有良好的绝缘层。

（2）电焊钳与电焊机电缆的连接应简便牢固，接触良好。

（3）电焊钳在使用过程中应操作灵活，能夹紧焊条，并能安全方便地更换焊条，电焊钳的重量应不超过600g。

1.3.3　焊接电缆

（1）焊接电缆应具备良好的导电能力和绝缘外层。电缆一般是用纯铜芯线外包胶皮绝缘套制成，其绝缘电阻不得小于$1M\Omega$。

（2）焊接电缆应轻便柔软，能任意弯曲和扭转，以便操作人员进行操作。因此，电缆芯必须由多股细线组成。如果没有电缆，可用导电能力相同的硬导线代替，但在电焊钳的连接端要有2～3m长的软线连接，否则不便操作。

（3）焊接电缆应具有较强的抗机械性损伤能力和耐油、耐热、耐腐蚀性能，以适应焊接工作的特点。

（4）由于电焊机与配电箱连接的电缆线的电压较高，所以除应保证良好的绝缘性外，长度还应以2～3m为宜。如果需要用较长的导线时，应采取间隔安全措施，即应离地面2.5m以上，沿墙用瓷瓶布设。严禁将电源线拖在工作现场的地面上。

（5）电焊机与电焊钳（枪）和焊件连接导线的长度，应根据具体的工作情况而定。导线太长会增大电压降，导线太短则不便于操作，所以导线一般以20～30m为宜。焊接电缆应为整根，中间不能有接头。如果需要用较短的导线连接时，则接头不能超过两个。接头应用铜导体制成，须连接坚固牢靠，并保证绝缘良好。

（6）焊接电缆的截面积应根据焊接电流的大小，按规定选用，以保证导线不致过热而损坏绝缘层。严禁利用厂房的金属结构、管道、轨道或其他金属物搭接起来作为导线使用。不得将焊接电缆放在电弧附近或炽热的金属旁，以避免高温烧坏绝缘层。将焊接电缆横穿道路时应加遮盖物，以避免碾压、磨损等。

1.4　手工焊条电弧焊操作技术

1.4.1　板与板对接平焊单面焊双面成型技术

焊接方法：手工电弧焊　　　　接头形式：板对接接头

焊接位置：平焊　　　　　　　试件材质：16Mn

焊条型号：E5015　　　　　　 焊条规格（mm）：$\phi 3.2$，$\phi 4.0$

电流类型与极性：直流反接法

试件规格及尺寸见图 1-1。

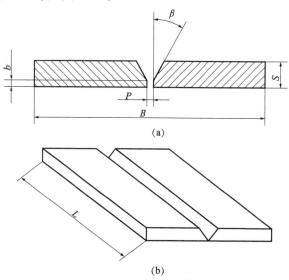

图 1-1　板与板对接平焊试件规格及尺寸

(a) 剖面图；(b) 平面图

$S=12\text{mm}$；$B=250\text{mm}$；$L=300\text{mm}$；$\beta=32°\pm1°$

1. 焊前准备

(1) 焊条在使用前应按说明书规定进行烘干,烘干温度为350℃~400℃,烘干时间为1~2小时。低氢型焊条在常温下放置4小时以上应重新烘干,重复烘干次数不宜超过3次。焊条烘干时,禁止将焊条突然放进高温炉中,或从高温炉中突然取出冷却,以防止焊条因骤热或骤冷而产生药皮开裂现象。焊条不应成垛或成捆地放入焊条烘干箱,应铺放成层状后放入,每层堆放的焊条不能太厚(一般不超过4层),以防止焊条在烘干时受热不均和潮气不易排除。烘干后的焊条应放在保温筒内随用随取。

(2) 将加工好的试件坡口进行修磨,以确保在试件坡口面及坡口正反两侧20mm处无水、锈、油污等杂质,并露出金属光泽。

(3) 锉削钝边0.5~1.5mm,并保证两个试件组对后比较平齐,以便在装配时间隙比较均匀。

2. 试件装配

(1) 装配间隙:一般始焊端3.0~3.5mm,终焊端4.0~4.5mm。预留间隙时可以用 $\phi 3.2$ 和 $\phi 4.0$ 的焊条头夹在始焊端和终焊端之间来确定其大小。

(2) 定位焊:为防止错边,一般先在试件反面的两端进行点焊定位,然后再翻过来从正面进行加固。定位焊长度始焊端约10mm,终焊端约15mm,厚度约5mm。终焊端的定位一定要牢固,以防止由于收缩变形引起间隙过小而影响焊接。

(3) 预留反变形:3°~4°。

(4) 错边量:小于或等于1.2mm。

3. 焊接工艺参数(见表1-1)

表1-1 焊接工艺参数

焊接层次	焊接电流/A	焊条直径/mm
打底焊(1)	75~85	3.2
填充焊(2,3)	160~170	4.0
盖面焊(4)	150~160	4.0

4. 操作要点

1) 打底焊

① 引弧位置　打底层施焊时,在焊件左端定位焊缝的始焊处引弧,然后稍作停顿预热,横向摆动运条向右施焊。电弧在到达定位焊缝右侧前沿时,下压焊条后作短暂停顿,直到将坡口根部熔化并击穿,形成熔孔。

② 熔孔大小　在焊接过程中应注意观察熔孔的大小,不应有明显的熔孔出现。平焊时的熔孔大小如图 1-2 所示。熔孔大小可通过改变焊接速度、电弧高低、摆动频率、运条间距和焊条角度来调整。

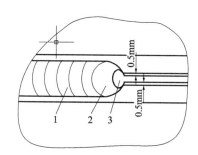

图 1-2　平焊时的熔孔大小

1—焊缝；2—熔池；3—熔孔

③ 运条方式和焊条角度　采用连弧焊法时,焊条做锯齿形横向摆动,电弧在坡口两侧停顿时间稍长。在保证焊透和不夹渣的前提下,焊条摆动到中间时速度要快,短弧连续施焊,并保持熔池形状和熔孔大小均匀一致。焊条角度如图 1-3 所示。

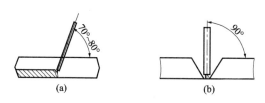

图 1-3　平焊打底焊的焊条角度

(a) 角度为 70°~80°；(b) 角度为 90°

④ 焊道接头　焊道接头前要进行收弧操作,收弧时,焊条应回焊 10~15mm,把背面的缩孔带到正面,以使接头处呈斜坡状。焊道接头时可采用热接法或冷接法。采用热接法接头时,更换焊条的速度要快,更换好焊条

后从熔孔后面的斜坡处引燃电弧,当焊至熔孔处时压低电弧停顿 2~3s,然后再按正常方法施焊;采用冷接法接头时,应将弧坑处打磨成缓坡,注意不能破坏钝边,当接头时从斜坡顶端引弧焊至底部,然后再按正常方法施焊。

2)填充焊

① 填充层施焊前,应先清除打底层焊缝的熔渣、飞溅物等。

② 填充层焊接时的焊条角度如图 1-4 所示。填充焊与打底焊相比,焊条摆动幅度大些,在坡口两侧停顿的时间长些,以保证焊道平整并略下凹。第二道填充层焊缝厚度应低于母材表面 0.5~1.5mm,且不能破坏坡口两侧的棱边。

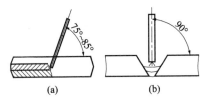

图 1-4 填充层焊接时的焊条角度

(a)角度为 75°~85°;(b)角度为 90°

③ 填充层接头如图 1-5 所示,在弧坑前 10mm 处引弧,回焊至弧坑处,沿弧坑形状将弧坑填满之后再正常施焊,焊至结尾处时应填满弧坑。

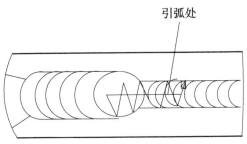

图 1-5 填充层接头

3)盖面焊

① 盖面层施焊时,焊条角度、运条方式和接头方法与填充焊相同。

② 焊条摆动幅度和运条速度应均匀一致,熔化坡口两侧棱边 0.5~2.5mm,并保证平直,以避免咬边等缺陷的产生。

项目一　手工焊条电弧焊

4）焊后检测

① 外观检查：采用宏观（目视或者5倍放大镜等）方法进行检查。

② 试件两端20mm内的缺陷不计。

③ 用焊缝检验尺测量焊缝余高和宽度的最大值和最小值，不取平均值。

④ 背面焊缝的宽度可不测定。

⑤ 检测的基本要求：焊缝表面应当是焊后的原始状态，且没有经过加工修磨或者返修焊。

5. 检查内容与评分标准（见表1-2）

表1-2　板与板对接平焊试件的检查内容与评分标准

检查项目	标准、分数	焊缝等级				实际得分
		Ⅰ	Ⅱ	Ⅲ	Ⅳ	
焊缝余高	标准/mm	0~1	>1，≤2	>2，≤3	>3，<0	
	分数					
焊缝高低差	标准/mm	≤1	>1，≤2	>2，≤3	>3	
	分数					
焊缝宽度	标准/mm	17~21	超差1	超差2	超差3	
	分数					
焊缝宽窄差	标准/mm	≤1.5	>1.5，≤2	>2，≤3	>3	
	分数					
咬边	标准/mm	0	深度≤0.5且长度≤15	深度≤0.5长度>15，≤30	深度>0.5或长度>30	
	分数					
内凹	标准/mm	0	深度≤0.5且长度≤15	深度≤0.5长度>15，≤30	深度>0.5或长度>30	
	分数					
错边量	标准/mm	0	≤0.7	0.7~1.2	>1.2	
	分数					

续表

检查项目	标准、分数	焊缝等级				实际得分
		Ⅰ	Ⅱ	Ⅲ	Ⅳ	
角变形	标准/mm	0~1	≥1，≤3	>3，≤5	>5	
	分数					
焊缝外表成型	标准	优 成型美观,鱼鳞均匀细密,高低宽窄一致	良 成型美观,鱼鳞均匀,焊缝平整	一般 成型尚可,焊缝平直	差 焊缝弯曲,高低宽窄明显,有表面焊接缺陷	
	分数					
安全文明生产	标准	劳保用品穿戴齐全				
		焊接过程中遵守安全操作规程				
		焊接完毕，场地清理干净，工具摆放整齐				
	分数					

注：1. 焊缝未盖面、焊缝表面及根部修补，该试件外观判为0分。
2. 凡焊缝表面有裂纹、夹渣、未熔合、未焊透、气孔、焊瘤等缺陷之一的，该试件外观判为0分。

6. 无损检测

试件的射线透照按照 JB/T 4730—2005《承压设备无损检测》标准进行检测。射线透照质量不低于 AB 级、焊缝等级不低于Ⅱ级的试件为合格。

7. 弯曲试验

弯曲试验按照 TSG Z6002—2010 的要求和 GB/T 2653—2008《焊接接头弯曲试验方法》进行。

1.4.2 板与板对接立焊单面焊双面成型技术

焊接方法：手工电弧焊　　　　　　接头形式：板对接接头
焊接位置：立焊　　　　　　　　　试件材质：16Mn
焊条型号：E5015　　　　　　　　　焊条规格（mm）：ϕ3.2
电流类型与极性：直流反接法

试件规格及尺寸见图1-6。

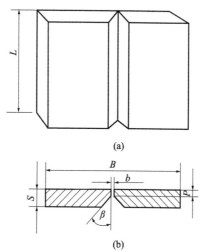

图1-6 板与板对接立焊试件规格及尺寸

(a) 平面图；(b) 剖面图

$S=12mm$；$B=250mm$；$L=300mm$；$\beta=32°\pm1°$

1. 焊前准备

（1）焊条在使用前应按说明书规定进行烘干，烘干温度为350℃～400℃，烘干时间为1～2小时。低氢型焊条一般在常温下放置4小时以上应重新烘干，重复烘干次数不宜超过3次。焊条烘干时，禁止将焊条突然放进高温炉中，或从高温炉中突然取出冷却，以防止焊条因骤热或骤冷而产生药皮开裂现象。焊条不应成垛或成捆地放入焊条烘干箱，应铺放成层状后放入，每层堆放的焊条不能太厚（一般不超过4层），以防止焊条在烘干时受热不均和潮气不易排除。烘干后的焊条应放在保温筒内随用随取。

（2）将加工好的试件坡口进行修磨，以确保在试件坡口面及坡口正反两侧20mm处无水、锈、油污等杂质，并露出金属光泽。

（3）锉削钝边0.5～1.5 mm，并保证两个试件组对后比较平齐，以便在装配时间隙比较均匀。

2. 试件装配

（1）装配间隙：一般始焊端3.0～3.5mm，终焊端4.0～4.5mm。预留间

隙时可以用 φ3.2 和 φ4.0 的焊条头夹在始焊端和终焊端之间来确定其大小。

（2）定位焊：为防止错边，一般先在试件反面的两端进行点焊定位，然后再翻过来从正面进行加固。定位焊长度始焊端约 10mm，终焊端约 15mm，厚度约 5mm。终焊端的定位一定要牢固，以防止由于收缩变形引起间隙过小而影响焊接。

（3）预留反变形：3°~4°。

（4）错边量：小于或等于 1.2mm。

3. 焊接工艺参数（见表 1-3）

表 1-3 焊接工艺参数

焊接层次	焊接电流/A	焊条直径/mm
打底焊（1）	75~85	3.2
填充焊（2，3）	110~120	3.2
盖面焊（4）	100~110	3.2

4. 操作要点

1）打底焊

① 引弧位置　打底层施焊时，在焊件下端定位焊缝上面 10~20mm 的坡口面处引弧，然后将电弧迅速向下拉至定位焊缝上停顿预热 1~2s，再向上摆动运条。当运条到达定位焊缝上沿时，加大焊条下倾角度，一般下倾角度应超过 90°，然后压低电弧，熔化并击穿坡口根部，形成熔孔。

② 熔孔大小　立焊时的熔孔大小如图 1-7 所示，每侧钝边熔化

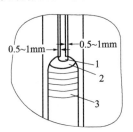

图 1-7　立焊时的熔孔大小

1—熔孔；2—熔池；3—焊缝

0.5~1mm，并使电弧的1/3对着坡口间隙，2/3覆盖在熔池上。当温度正常时，熔池表面呈水平的椭圆形；当温度过高时，熔池向下凸出，如图1-8所示。如果熔池下坠，则可通过改变焊条角度，控制电弧高低，加大焊接速度等来调整。

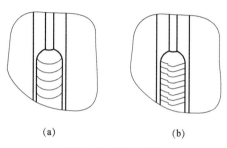

图 1-8 熔池形状

(a) 温度正常时熔池为水平椭圆形；(b) 温度过高时熔池向下凸出

③ 运条方式和焊条角度 采用连弧焊法时，焊条做锯齿形或月牙形横向摆动，电弧在坡口两侧停顿时间比平焊时要长，短弧连续施焊，向上摆动运条时速度要均匀，且间距不宜过大。焊条角度如图1-9所示。

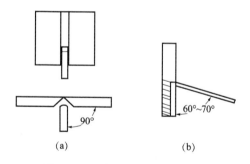

图 1-9 立焊打底焊的焊条角度

(a) 角度为90°；(b) 角度为60°~70°

④ 焊道接头 焊道接头收弧时，应拉高电弧向上移动，击穿并形成一个稍大的熔孔，然后将焊条向左或向右下方回拉10~15mm，以使接头处呈斜坡状。焊道接头可采用热接法或冷接法。采用热接法接头时，在弧坑下方10mm处引弧，向上摆动焊条施焊到原弧坑处，此时的焊条倾角应大于正常焊接角度的10°~20°，然后将电弧向坡口根部背面压送，稍作停顿后，坡

口根部被击穿并形成熔孔时,焊条倾角恢复到正常角度,然后横向摆动向上继续焊接。

2)填充焊

① 填充层施焊前,应先清除打底层焊缝的熔渣、飞溅物等。

② 填充层可以焊一层一道或二层二道。填充层施焊时的焊条角度应比打底层施焊时下倾10°~15°。运条方式与打底焊相同,但摆动幅度有所增大,并在坡口两侧略作停顿。焊条摆动时速度应稍快,以避免熔池下坠。各层焊道应平整或呈凹形,如图1-10所示。填充层焊缝厚度应低于坡口表面1~1.5mm,并保留坡口两侧的棱边,以作为盖面焊的基准线。

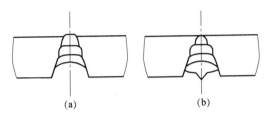

图 1-10 填充层焊道的外观

(a)合格的焊道表面平整;(b)焊道凸出太高

③ 填充层接头时,在弧坑上方10mm处引弧,稍稍拉长电弧移至弧坑处预热。当看到明显的熔池时,沿弧坑的形状将弧坑填满,之后再按正常方法继续施焊,焊至结尾处时应填满弧坑。

3)盖面焊

① 盖面层施焊时,焊条角度、运条方式和接头方法与填充焊相同。

② 在焊缝坡口两侧应压低电弧并作停顿,然后稍微加快运条摆动速度,以避免咬边和焊瘤的产生。同时,还应避免接头处过高或脱节。

4)焊后检测

① 外观检查:采用宏观(目视或者5倍放大镜等)方法进行检查。

② 试件两端20mm内的缺陷不计。

③ 用焊缝检验尺测量焊缝余高和宽度的最大值和最小值,不取平均值。

④ 背面焊缝的宽度可不测定。

⑤ 检测的基本要求:焊缝表面应当是焊后的原始状态,且没有经过加工修磨或者返修焊。

5. 检查内容与评分标准（见表1-4）

表1-4 板与板对接立焊试件的检查内容与评分标准

检查项目	标准、分数	焊缝等级				实际得分
		Ⅰ	Ⅱ	Ⅲ	Ⅳ	
焊缝余高	标准/mm	0~2	>2, ≤3	>3, ≤4	>4, <0	
	分数					
焊缝高低差	标准/mm	≤1	>1, ≤2	>2, ≤3	>3	
	分数					
焊缝宽度	标准/mm	17~21	超差1	超差2	超差3	
	分数					
焊缝宽窄差	标准/mm	≤1.5	>1.5, ≤2	>2, ≤3	>3	
	分数					
咬边	标准/mm	0	深度≤0.5且长度≤15	深度≤0.5长度>15, ≤30	深度>0.5或长度>30	
	分数					
内凹	标准/mm	0	深度≤0.5且长度≤15	深度≤0.5长度>15, ≤30	深度>0.5或长度>30	
	分数					
错边量	标准/mm	0	≤0.7	0.7~1.2	>1.2	
	分数					
角变形	标准/mm	0~1	≥1, ≤3	>3, ≤5	>5	
	分数					
焊缝外表成型	标准	优 成型美观,鱼鳞均匀细密,高低宽窄一致	良 成型美观,鱼鳞均匀,焊缝平整	一般 成型尚可,焊缝平直	差 焊缝弯曲,高低宽窄明显,有表面焊接缺陷	
	分数					

续表

检查项目	标准、分数	焊缝等级				实际得分
		Ⅰ	Ⅱ	Ⅲ	Ⅳ	
安全文明生产	标准	劳保用品穿戴齐全				
		焊接过程中遵守安全操作规程				
		焊接完毕,场地清理干净,工具摆放整齐				
	分数					

注：1. 焊缝未盖面、焊缝表面及根部修补,该试件外观判为 0 分。
2. 凡焊缝表面有裂纹、夹渣、未熔合、未焊透、气孔、焊瘤等缺陷之一的,该试件外观判为 0 分。

6. 无损检测

试件的射线透照按照 JB/T 4730—2005《承压设备无损检测》标准进行检测。射线透照质量不低于 AB 级、焊缝等级不低于 Ⅱ 级的试件为合格。

7. 弯曲试验

弯曲试验按照 TSG Z6002—2010 的要求和 GB/T 2653—2008《焊接接头弯曲试验方法》进行。

1.4.3 板与板对接横焊单面焊双面成型技术

焊接方法：手工电弧焊　　　　接头形式：板对接接头
焊接位置：横焊　　　　　　　试件材质：16Mn
焊条型号：E5015　　　　　　　焊条规格（mm）：$\phi2.5$，$\phi3.2$
电流类型与极性：直流反接法
试件规格及尺寸见图 1-11。

1. 焊前准备

（1）焊条在使用前应按说明书规定进行烘干,烘干温度为 350℃ ~ 400℃,烘干时间为 1~2 小时。低氢型焊条一般在常温下放置 4 小时以上应重新烘干,重复烘干次数不宜超过 3 次。焊条烘干时,禁止将焊条突然放进高温炉中,或从高温炉中突然取出冷却,以防止焊条因骤热或骤冷而产生药皮开裂现象。焊条不应成垛或成捆地放入焊条烘干箱,应铺放成层

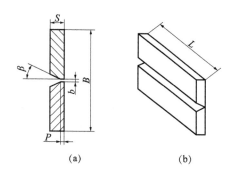

图 1-11 板与板对接横焊试件规格及尺寸

(a) 剖面图；(b) 平面图

$S = 12\text{mm}$；$B = 250\text{mm}$；$L = 300\text{mm}$；$\beta = 32° \pm 1°$

状后放入，每层堆放的焊条不能太厚（一般不超过4层），以防止焊条在烘干时受热不均和潮气不易排除。烘干后的焊条应放在保温筒内随用随取。

（2）将加工好的试件坡口进行修磨，以确保在试件坡口面及坡口正反两侧20mm处无水、锈、油污等杂质，并露出金属光泽。

（3）锉削钝边0.5～1.5 mm，并保证两个试件组对后比较平齐，以便在装配时间隙比较均匀。

2. 试件装配

（1）装配间隙：一般始焊端2.5～3.0mm，终焊端3.0～3.5mm。预留间隙时可以用$\phi 2.5$ 和 $\phi 3.2$ 的焊条头夹在始焊端和终焊端之间来确定其大小。

（2）定位焊：为防止错边，一般在试件反面的两端进行点焊定位，然后翻过来再从正面进行加固。定位焊长度始焊端约10mm，终焊端约15mm，厚度约5mm。终焊端的定位一定要牢固，以防止由于收缩变形引起间隙过小而影响焊接。

（3）预留反变形：6°～8°。

（4）错边量：小于或等于1.2mm。

3. 焊接工艺参数（见表1-5）

表1-5 焊接工艺参数

焊接层次	焊接电流/A	焊条直径/mm
打底焊（1）	60~70	2.5
填充焊（2,3,4）	120~130	3.2
盖面焊（5,6,7）	110~120	3.2

4. 操作要点

1）打底焊

① 引弧位置　打底层施焊时，在始焊端定位焊缝处引弧，上下摆动运条向右施焊。电弧在到达定位焊缝前沿时，向坡口根部背面压送，稍作停顿，直到根部被熔化并击穿，形成熔孔。

② 熔孔大小　在焊接过程中，电弧在上坡口根部停留的时间比在下坡口根部停留的时间稍长，从而使上坡口根部熔化1~1.5mm，下坡口根部熔化0.5~1mm，如图1-12所示。电弧的1/3用来熔化和击穿坡口根部，控制熔孔；电弧的2/3覆盖在熔池上，以保持熔池和熔孔的形状均匀一致。

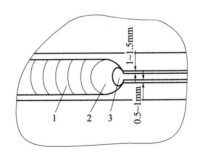

图1-12　横焊时的熔孔大小

1—焊缝；2—熔池；3—熔孔

③ 运条方式和焊条角度　采用连弧焊法时，焊条做斜锯齿形或斜椭圆形上下摆动，短弧向右连续施焊。焊条角度如图1-13所示。

④ 焊道接头　焊道接头前要进行收弧操作，收弧时，焊条向焊接反方向的下坡口面回拉10~15mm，然后逐渐抬起焊条，形成缓坡。焊道接头可采用热接法或冷接法。采用热接法接头时，在距弧坑前约10mm的上坡口面将电弧引燃，当电弧移至弧坑前沿时，压向坡口根部背面，稍作停顿后形成熔孔，当电弧恢复到正常焊接长度时，再继续施焊；采用冷接法接

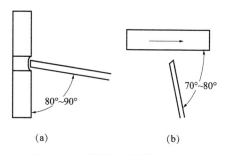

图 1-13 横焊打底焊的焊条角度

(a) 角度为 80°~90°；(b) 角度为 70°~80°

头前，应先将收弧处的焊道打磨成缓坡，再按热接法的引弧位置和操作方法接头。

2）填充焊

① 填充层施焊前，应先清除打底层焊缝的熔渣、飞溅物等。

② 填充焊可焊一层或两层。如果焊两层，第一层填充层为单焊道，其焊条角度与打底层相同，但摆幅稍大。第二层填充层焊两道焊缝，先焊下道焊缝，后焊上道焊缝，焊条角度如图 1-14 所示。焊下面填充焊道时，电弧对准前层焊道下沿，作直线形或斜椭圆形摆动，熔池压住焊道的 1/2~2/3；焊上面填充焊道时，电弧对准前层焊道上沿稍作摆动，直到填满熔池空余位置。填充层焊缝焊完后，其表面应距下坡口表面约 2mm、上坡口表面约 0.5mm，且不能破坏坡口两侧的棱边。

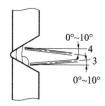

图 1-14 第二层填充焊焊条角度

③ 填充层接头时，在弧坑前 10mm 处引弧，当电弧回焊至弧坑处时，沿弧坑的形状将弧坑填满，再继续正常施焊。

3）盖面焊

① 盖面层施焊时，焊条角度如图 1-15 所示。盖面层焊缝焊三道，由

下至上焊接。每条盖面焊道要依次压住前焊道的 1/2~2/3。

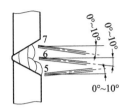

图 1-15 横焊盖面焊的焊条角度

② 在上面最后一条焊道施焊时,应适当增大焊接速度或减小焊接电流,调整焊条角度,以避免液态金属下淌或产生咬边。

4) 焊后检测

① 外观检查:采用宏观(目视或者 5 倍放大镜等)方法进行检查。

② 试件两端 20mm 内的缺陷不计。

③ 用焊缝检验尺测量焊缝余高和宽度的最大值和最小值,不取平均值。

④ 背面焊缝的宽度可不测定。

⑤ 检测的基本要求:焊缝表面应当是焊后的原始状态,且没有经过加工修磨或者返修焊。

5. 检查内容与评分标准(见表 1-6)

表 1-6 板与板对接横焊试件的检查内容与评分标准

检查项目	标准、分数	焊缝等级				实际得分
		I	II	III	IV	
焊缝余高	标准/mm	0~2	>2, ≤3	>3, ≤4	>4, <0	
	分数					
焊缝高低差	标准/mm	≤1	>1, ≤2	>2, ≤3	>3	
	分数					
焊缝宽度	标准/mm	16~20	超差 1	超差 2	超差 3	
	分数					
焊缝宽窄差	标准/mm	≤1.5	>1.5, ≤2	>2, ≤3	>3	
	分数					

续表

检查项目	标准、分数	焊缝等级				实际得分
		Ⅰ	Ⅱ	Ⅲ	Ⅳ	
咬边	标准/mm	0	深度≤0.5且长度≤15	深度≤0.5长度>15,≤30	深度>0.5或长度>30	
	分数					
错边量	标准/mm	0	≤0.7	0.7~1.2	>1.2	
	分数					
角变形	标准/mm	0~1	≥1,≤3	>3,≤5	>5	
	分数					
焊缝外表成型	标准	优 成型美观,鱼鳞均匀细密,高低宽窄一致	良 成型美观,鱼鳞均匀,焊缝平整	一般 成型尚可,焊缝平直	差 焊缝弯曲,高低宽窄明显,有表面焊接缺陷	
	分数					
安全文明生产	标准	劳保用品穿戴齐全				
		焊接过程中遵守安全操作规程				
		焊接完毕,场地清理干净,工具摆放整齐				
	分数					

注:1. 焊缝未盖面、焊缝表面及根部修补,该试件外观判为0分。
2. 凡焊缝表面有裂纹、夹渣、未熔合、未焊透、气孔、焊瘤等缺陷之一的,该试件外观判为0分。

6. 无损检测

试件的射线透照按照JB/T 4730—2005《承压设备无损检测》标准进行检测。射线透照质量不低于AB级、焊缝等级不低于Ⅱ级的试件为合格。

7. 弯曲试验

弯曲试验按照TSG Z6002—2010的要求和GB/T 2653—2008《焊接接头弯曲试验方法》进行。

1.4.4　板与板对接仰焊单面焊双面成型技术

焊接方法：手工电弧焊　　　　接头形式：板对接接头

焊接位置：仰焊　　　　　　　试件材质：16Mn

焊条型号：E5015　　　　　　焊条规格（mm）：φ2.5，φ3.2

电流类型与极性：直流正接法（打底焊）、直流反接法（填充焊、盖面焊）

试件规格及尺寸见图 1-16。

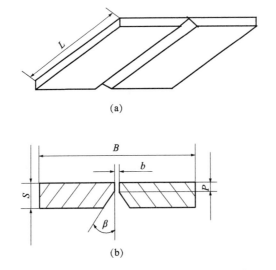

图 1-16　板与板对接仰焊试件规格及尺寸

(a) 平面图；(b) 剖面图

$S=12mm$；$B=250mm$；$L=300mm$；$\beta=32°±1°$

1. 焊前准备

（1）焊条在使用前应按说明书规定进行烘干，烘干温度为 350℃~400℃，烘干时间为 1~2 小时。低氢型焊条一般在常温下放置 4 小时以上应重新烘干，重复烘干次数不宜超过 3 次。烘干焊条时，禁止将焊条突然放进高温炉中，或从高温炉中突然取出冷却，以防止焊条因骤热或骤冷而产生药皮开裂现象。焊条不应成垛或成捆地放入焊条烘干箱，应铺放成层状后放入，每层堆放的焊条不能太厚（一般不超过 4 层），以防止焊条在烘干时受热不均和潮气不易排除。烘干后的焊条应放在保温筒内随用随取。

（2）将加工好的试件坡口进行修磨，以确保在试件坡口面及坡口正反两侧 20mm 处无水、锈、油污等杂质，并露出金属光泽。

（3）锉削钝边 1.5～2.0mm，并保证两个试件组对后比较平齐，以便在装配时间隙比较均匀。

2. 试件装配

（1）装配间隙：一般始焊端 2.5～3.0mm，终焊端 3.0～3.5mm。预留间隙时可以用 $\phi2.5$ 和 $\phi3.2$ 的焊条头夹在始焊端和终焊端之间来确定其大小。

（2）定位焊：为防止错边，一般在试件反面的两端进行点焊定位，然后翻过来再从正面进行加固。定位焊长度始焊端约 10mm，终焊端约 15mm，厚度约 5mm。终焊端的定位一定要牢固，以防止由于收缩变形引起间隙过小而影响焊接。

（3）预留反变形：3°～4°。

（4）错边量：小于或等于 1.2mm

3. 焊接工艺参数（见表 1-7）

表 1-7 焊接工艺参数

焊接层次	焊接电流/A	焊条直径/mm
打底焊（1）	70～80	2.5
填充焊（2，3）	100～120	3.2
盖面焊（4）	90～110	3.2

4. 操作要点

1）打底焊

① 引弧位置　打底层施焊时，在试件间隙定位焊缝处引弧，稍作停顿预热，然后将焊条拉到坡口间隙处，电弧向上顶送，直到将坡口根部熔化并击穿，形成熔孔。

② 熔孔大小　电弧在坡口根部两侧稍作停顿，停顿时间比其他试件焊接时略短些，坡口根部两侧应熔化 0.5～1mm，如图 1-17 所示。在

焊接过程中，要控制好熔池的尺寸和温度，控制熔池尺寸和温度的办法是：在焊接过程中，用焊接电弧顶压坡口根部，焊层要薄，使焊接电弧一半在坡口内侧燃烧，另外一半在坡口外侧燃烧，并保持熔池小而且浅，以避免正面坡口面处出现沟槽，背面呈现下凹现象，从而保证焊接质量。

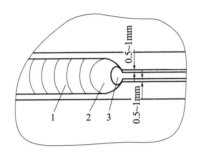

图1-17 仰焊时熔孔大小

1-焊缝；2-熔池；3-熔孔

③ 运条方式和焊条角度　焊条做小幅度锯齿形横向摆动，摆动幅度小，速度稍快，短弧向前连续施焊。焊条角度如图1-18所示。

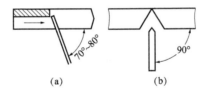

图1-18 仰焊打底焊的焊条角度

（a）角度为70°～80°；（b）角度为90°

④ 焊道接头　收弧时，焊条向焊接反方向的左侧或右侧坡口面回拉10～15mm，使接头处呈斜面状。焊道接头可采用热接法或冷接法。采用热接法接头时，更换焊条要迅速，在上次焊接的熔池还保持红热状态时，在距弧坑前约10mm处的坡口面将电弧引燃，当电弧移至弧坑前沿时，向坡口背面顶送，停顿2～3s形成熔孔后，电弧恢复到正常焊接长度继续施焊；采用冷接法接头时，应将弧坑处打磨成缓坡后再施焊。

2）填充焊

① 填充层施焊前，应先清除打底层焊缝的熔渣、飞溅物等。

② 焊条角度和运条方式与打底焊相同。焊条摆动幅度应大些，当横向摆动到坡口面时稍作停顿，这有利于两侧的熔合，防止出现层间未熔合现象。焊第二层填充层时，中间运条速度要稍快，形成的焊缝中部略呈凹形，如图1-19所示。填充层焊缝厚度应低于母材表面1mm左右。

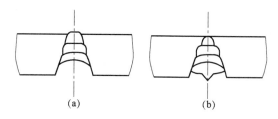

图1-19 填充焊道的形状

(a) 合格的填充层；(b) 不合格的填充层，表面凸出太多

③ 填充层接头时，在弧坑前10mm处引弧，当电弧回焊至弧坑处时，沿弧坑的形状将弧坑填满，再继续正常施焊。

3）盖面焊

盖面层施焊时，焊条角度、运条方式和接头方法均同填充焊。电弧在坡口两侧时应压低并稍作停顿，当从一侧摆到另一侧时速度应稍快，以避免产生咬边和焊瘤等现象。

4）焊后检测

① 外观检查：采用宏观（目视或者5倍放大镜等）方法进行检查。

② 试件两端20mm内的缺陷不计。

③ 用焊缝检验尺测量焊缝余高和宽度的最大值和最小值，不取平均值。

④ 背面焊缝的宽度可不测定。

⑤ 检测的基本要求：焊缝表面应当是焊后的原始状态，且没有经过加工修磨或者返修焊。

5. 检查内容与评分标准（见表1-8）

表1-8 板与板对接仰焊试件的检查内容与评分标准

检查项目	标准、分数	焊缝等级 Ⅰ	Ⅱ	Ⅲ	Ⅳ	实际得分
焊缝余高	标准/mm	0~2	>2,≤3	>3,≤4	>4,<0	
	分数					
焊缝高低差	标准/mm	≤1	>1,≤2	>2,≤3	>3	
	分数					
焊缝宽度	标准/mm	16~20	超差1	超差2	超差3	
	分数					
焊缝宽窄差	标准/mm	≤1.5	>1.5,≤2	>2,≤3	>3	
	分数					
咬边	标准/mm	0	深度≤0.5且长度≤15	深度≤0.5 长度>15,≤30	深度>0.5或长度>30	
	分数					
内凹	标准/mm	0	深度≤0.5且长度≤15	深度≤0.5 长度>15,≤30	深度>0.5或长度>30	
	分数					
错边量	标准/mm	0	≤0.7	0.7~1.2	>1.2	
	分数					
角变形	标准/mm	0~1	≥1,≤3	>3,≤5	>5	
	分数					
焊缝外表成型		优	良	一般	差	
	标准	成型美观,鱼鳞均匀细密,高低宽窄一致	成型美观,鱼鳞均匀,焊缝平整	成型尚可,焊缝平直	焊缝弯曲,高低宽窄明显,有表面焊接缺陷	
	分数					

续表

检查项目	标准、分数	焊缝等级				实际得分
		Ⅰ	Ⅱ	Ⅲ	Ⅳ	
安全文明生产	标准	劳保用品穿戴齐全				
		焊接过程中遵守安全操作规程				
		焊接完毕,场地清理干净,工具摆放整齐				
	分数					

注:1. 焊缝未盖面、焊缝表面及根部修补,该试件外观判为0分。
2. 凡焊缝表面有裂纹、夹渣、未熔合、未焊透、气孔、焊瘤等缺陷之一的,该试件外观判为0分。

6. 无损检测

试件的射线透照按照 JB/T 4730—2005《承压设备无损检测》标准进行检测。射线透照质量不低于AB级、焊缝等级不低于Ⅱ级的试件为合格。

7. 弯曲试验

弯曲试验按照 TSG Z6002—2010 的要求和 GB/T 2653—2008《焊接接头弯曲试验方法》进行。

1.4.5 管与管对接垂直固定焊操作技术

焊接方法:手工电弧焊　　　接头形式:管对接接头
焊接位置:垂直固定焊　　　试件材质:20g
焊条型号:E5015　　　　　　焊条规格(mm):$\phi 2.5$
电流类型与极性:直流反接法
试件规格及尺寸见图1-20。

1. 焊前准备

(1) 焊条在使用前应按说明书规定进行烘干,烘干温度为350℃~400℃,烘干时间为1~2小时。低氢型焊条一般在常温下放置4小时以上应重新烘干,重复烘干次数不宜超过3次。焊条烘干时,禁止将焊条突然放进高温炉中,或从高温炉中突然取出冷却,以防止焊条因骤热或骤冷而产生药皮开裂现象。焊条不应成堆或成捆地放入焊条烘干箱,应铺放成层状后放入,每层堆放的焊条不能太厚(一般不超过4层),以防止焊条在

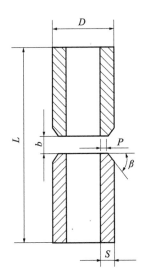

图1-20 管对接垂直固定焊试件规格及尺寸

$S=5$ mm；$D=60$ mm；$L=200$ mm；$\beta=32°\pm1°$

烘干时受热不均和潮气不易排除。烘干后的焊条应放在保温筒内随用随取。

(2) 锉削钝边0.5~1 mm，并保证两个试件组对后同轴，以确保无错边。

2. 试件装配

(1) 装配间隙：装配间隙为2.5~3.2mm。预留间隙时可以用$\phi2.5$和$\phi3.2$的焊条头来确定其大小。

(2) 定位焊：可采用一点定位，定位焊长度为10~15mm，并保证该处的间隙为3.2mm，与它相对处的间隙为2.5mm。

(3) 错边量：小于或等于0.5mm。

3. 焊接工艺参数（见表1-9）

表1-9 焊接工艺参数

焊接层次	焊接电流/A	焊条直径/mm
打底焊（1）	70~80	2.5
盖面焊（2，3）	70~80	2.5

4. 操作要点

1）打底焊（采用间断灭弧法）

① 引弧位置　打底层施焊时，引弧位置应在2.5mm处。起焊时采用划擦法在管子坡口内侧引燃电弧，待坡口两侧局部熔化后，将电弧向根部压送，当电弧熔化并击穿根部形成熔孔时，将熔滴送至坡口背面，建立起熔池。

② 熔孔大小　在焊接过程中，为防止熔池金属下坠，电弧在上坡口停留的时间应比在下坡口停留的时间稍长，在熔池前沿应能看到均匀的熔孔，上坡口根部熔化1~1.5mm，下坡口根部熔化的略小些。焊接时应保持熔池的形状和大小基本一致，且熔池铁水清晰明亮。每次引弧的位置要准确，后一个熔池应搭接前一个熔池的2/3左右。

③ 运条方式和焊条角度　采用一点击穿断弧焊，反月牙形运条向右施焊。当熔池形成后，焊条向焊接反方向的下侧作划挑动作，迅速灭弧。灭弧比引弧的时间间隔要短，灭弧动作要干净利落，不拉长电弧，灭弧频率为每分钟70~80次为宜。待熔池变暗后，在未凝固的熔池边缘重新引弧，并在坡口装配间隙处稍作停顿，使电弧的1/3击穿坡口根部，当新的熔孔形成后再熄弧。焊条与管子下侧的夹角为70°~80°，与管子切线的焊接方向夹角为60°~75°，如图1-21所示。由于焊接方向是弧线形，所以在焊接过程中焊条倾角要随管子的曲率弧线的变化而变化，以防止出现熔池下坠、夹渣等缺陷。

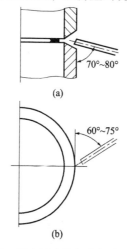

图1-21　垂直固定焊打底焊的焊条角度

(a) 角度为70°~80°；(b) 角度为60°~75°

④ 焊道接头　收弧时，焊条要向前顶送 2~3 次，听到"噗噗"声后，稍加停顿，当填满弧坑时收弧，以消除收弧缩孔。焊道接头可采用热接法或冷接法。采用热接法接头时，距熔池 5~10mm 处引燃电弧，当焊至弧坑处时，向坡口根部压送电弧，稍作停顿，当听见电弧击穿声并形成熔孔后再熄弧，然后采用一点击穿法继续焊接；采用冷接法接头时，先将收弧处打磨成缓坡状，从缓坡的顶端引弧焊到缓坡底部，再向坡口根部压送电弧，稍作停顿，当根部熔透形成熔孔后，再采用一点击穿法继续焊接。封闭接头施焊前，应先把焊缝始焊端的焊道打磨成缓坡形状，然后再施焊，焊过缓坡并超过前道焊缝 10mm，填满弧坑后熄弧。

2) 盖面焊

① 盖面层施焊前，需清除打底层焊缝的熔渣、飞溅物等，并将焊缝接头的过高部分处打磨平整。

② 盖面焊分上、下两道。先焊下侧焊道，再焊上侧焊道，采用直线形摆动运条或小斜椭圆形摆动运条，按逆时针方向焊接。焊条的角度如图 1-22 所示。焊下侧焊道时，电弧对准打底焊道下沿，稍作摆动，熔化金属覆盖打底焊道的 1/2~2/3，并熔化下侧棱边 0.5~2.5mm。下道焊缝焊完

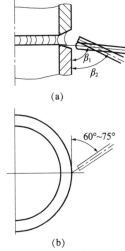

图 1-22　垂直固定焊盖面焊的焊条角度

(a) 下侧焊道；(b) 上侧焊道

$\beta_1 = 70° \sim 80°$　$\beta_2 = 60° \sim 70°$

要清渣,这样可使焊出的表面焊缝成型美观,过渡圆滑,中间无凹槽。在焊上侧焊道时,应适当加快焊接速度或减小焊接电流,调整焊条角度,以防止出现咬边和液态金属下淌的现象。

3)焊后检测

① 外观检查:采用宏观(目视或者5倍放大镜等)方法进行检查。

② 通球试验:用直径等于0.85倍管内径的钢球进行试验,若钢球通过则表示合格。

③ 用焊缝检验尺测量焊缝余高和宽度的最大值和最小值,不取平均值。

④ 背面焊缝的宽度可不测定。

⑤ 检测的基本要求:焊缝表面应当是焊后的原始状态,且没有经过加工修磨或者返修焊。

5. 检查内容与评分标准(见表1-10)

表1-10 管与管对接垂直固定焊的试件检查内容与评分标准

检查项目	标准、分数	焊缝等级				实际得分
		Ⅰ	Ⅱ	Ⅲ	Ⅳ	
焊缝余高	标准/mm	0~2	>2,≤3	>3,≤4	>4,<0	
	分数					
焊缝高低差	标准/mm	≤1	>1,≤2	>2,≤3	>3	
	分数					
焊缝宽度	标准/mm	8~12	超差1	超差2	超差3	
	分数					
焊缝宽窄差	标准/mm	≤1.5	>1.5,≤2	>2,≤3	>3	
	分数					
咬边	标准/mm	0	深度≤0.5且长度≤15	深度≤0.5长度>15,≤30	深度>0.5或长度>30	
	分数					
根部凸出	标准/mm	通球φ=0.85d(内径)				
	分数					

续表

检查项目	标准、分数	焊缝等级				实际得分
		Ⅰ	Ⅱ	Ⅲ	Ⅳ	
错边	标准/mm	0	≤0.5	>0.5, ≤1	>1	
	分数					
焊缝外表成型	标准	优 成型美观,鱼鳞均匀细密,高低宽窄一致	良 成型美观,鱼鳞均匀,焊缝平整	一般 成型尚可,焊缝平直	差 焊缝弯曲,高低宽窄明显,有表面焊接缺陷	
	分数					
安全文明生产	标准	劳保用品穿戴齐全				
		焊接过程中遵守安全操作规程				
		焊接完毕,场地清理干净,工具摆放整齐				
	分数					

注：1. 焊缝未盖面、焊缝表面修补,该试件判为 0 分。
2. 凡焊缝表面有裂纹、夹渣、未熔合、未焊透、气孔、焊瘤等缺陷之一的,该试件外观判为 0 分。

6. 无损检测

试件的射线透照按照 JB/T 4730—2005《承压设备无损检测》标准进行检测。射线透照质量不低于 AB 级、焊缝等级不低于Ⅱ级的试件为合格。

7. 弯曲试验

弯曲试验按照 TSG Z6002—2010 的要求和 GB/T 2653—2008《焊接接头弯曲试验方法》进行。

1.4.6 管与管对接水平固定焊操作技术

焊接方法：手工电弧焊　　　　接头形式：管对接接头
焊接位置：水平固定焊　　　　试件材质：20g
焊条型号：E5015　　　　　　焊条规格（mm）：$\phi2.5$

电流类型与极性：直流反接法

试件规格及尺寸见图1-23。

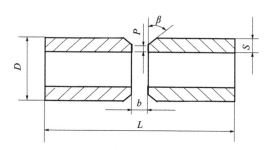

图1-23 管对接水平固定焊试件规格及尺寸

$S=5mm$；$D=60mm$；$L=200mm$；$\beta=32°\pm1°$

1. 焊前准备

（1）焊条在使用前应按说明书规定进行烘干，烘干温度为350℃~400℃，烘干时间为1~2小时。低氢型焊条一般在常温下放置4小时以上应重新烘干，重复烘干次数不宜超过3次。焊条烘干时，禁止将焊条突然放进高温炉中，或从高温炉中突然取出冷却，以防止焊条因骤热或骤冷而产生药皮开裂现象。焊条不应成堆或成捆地放入焊条烘干箱，应铺放成层状后放入，每层堆放的焊条不能太厚（一般不超过4层），以防止焊条在烘干时受热不均和潮气不易排除。烘干后的焊条应放在保温筒内随用随取。

（2）锉削钝边0.5~1 mm，并保证两个试件组对后同轴，以确保无错边。

2. 试件装配

（1）装配间隙：装配间隙为2.5~3.2mm。预留间隙时可以用焊条头夹在始焊端和终焊端之间来确定其大小。

（2）定位焊：可采用两点定位，定位焊长度为10~15mm，并保证平焊位处的间隙为3.2mm，仰焊位处的间隙为2.5mm。

（3）错边量：小于或等于0.5mm。

3. 焊接工艺参数（见表1-11）

表1-11　焊接工艺参数

焊接层次	焊接电流/A	焊条直径/mm
打底层	75~85	2.5
盖面层	65~75	2.5

4. 操作要点

由于焊接位置沿圆形连续变化，所以这就要求施焊者操作的姿势和运条的角度必须适应焊接位置的变化，管与管对接水平固定焊的操作姿势分为侧身位和正对位两种，可根据个人习惯去选择，如图1-24所示。

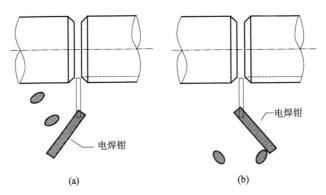

图1-24　操作姿势

(a) 侧身位；(b) 正对位

1) 打底焊（采用间断灭弧法）

① 引弧位置　施焊时，沿垂直中心线将管子分成左右两半周，先沿逆时针方向焊右半周，后沿顺时针方向焊左半周。引弧和收弧部位都要超过管子中心线5~10mm，引弧位置及焊接顺序如图1-25所示。起焊时从仰焊位置开始，采用划擦法在坡口内侧引弧，用长弧将焊缝根部预热2~3s，接着马上压低电弧，待坡口两侧局部熔化后，再将电弧向坡口根部顶送，直到熔化并击穿根部后形成熔孔。

② 熔孔大小　从仰焊位置焊接时，焊条向上顶送的深度应深些，尽量压低电弧。焊接立焊和平焊位置时，焊条向坡口根部压送的深度比仰焊浅些。

③ 运条方式和焊条角度　采用一点击穿断弧焊法向上施焊，当熔池形

项目一 手工焊条电弧焊 39

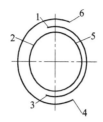

图 1-25 引弧位置及焊接顺序

1—落焊点1；2—定位焊；3—起焊点1；
4—起焊点2；5—定位焊；6—落焊点2

成后，焊条向焊接方向作划挑动作，迅速灭弧。待熔池变暗后，在未凝固的熔池边缘重新引弧，然后电弧在坡口间隙处稍作停顿。当电弧的1/3击穿根部，新熔孔形成后再熄弧。焊接过程中，每次引弧的位置要准确，给送熔滴要均匀，断弧要果断，控制好熄弧和引弧的时间。焊条倾角和焊条角度如图 1-26 所示。

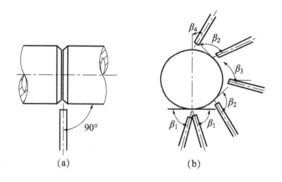

图 1-26 水平固定焊打底焊焊条倾角和焊条角度

(a) 焊条倾角；(b) 焊条角度

$\beta_1 = 80° \sim 85°$；$\beta_2 = 100° \sim 105°$；$\beta_3 = 110° \sim 120°$；$\beta_4 = 90° \sim 100°$

④ 焊道接头　更换焊条收弧时，应使焊条向坡口左侧或右侧回拉带弧10mm，或沿着熔池向前稍快击穿2~3次，以缓降熔池温度，消除收弧的缩孔。焊道接头可采用热接法或冷接法。采用热接法接头时，在距弧坑后端5~10mm处引燃电弧，当电弧稳定燃烧后，焊至弧坑处，压送电弧，当新的熔池和熔孔形成后熄弧，再继续采用一点击穿法继续焊接；采用冷接法接头时，施焊前，先将收弧处打磨成缓坡状，从缓坡的顶端引弧焊到缓

坡底部后，向坡口根部压送电弧，然后稍作停顿，当根部熔透并形成熔孔后，再采用一点击穿法继续焊接。左半周焊接时先将右半周仰焊位置焊道的引弧处打磨成缓坡，从缓坡顶部引弧焊至缓坡底部形成熔孔后，再按右半周方法施焊。封闭接头施焊前，前半圈焊缝尾部的焊道应先打磨成缓坡形状，然后再施焊，焊过缓坡并超过前半周 10mm 时，填满弧坑后再熄弧。

2）盖面焊

① 盖面层施焊前，需清除打底层焊缝的熔渣、飞溅物等，并将焊缝接头的过高部分处打磨平整。

② 盖面层焊缝起头和收尾的位置同打底层。施焊时采用锯齿形或月牙形运条方式连续焊接，横向摆动幅度要小，短弧操作，在坡口两侧稍作停顿并使两侧坡口棱边各熔化 0.5~2.5mm，以避免出现熔池下坠和咬边等缺陷。

3）焊后检测

① 外观检查：采用宏观（目视或者5倍放大镜等）方法进行检查。

② 通球试验　用直径等于 0.85 倍管内径的钢球进行通球，若钢球通过则表示合格。

③ 用焊缝检验尺测量焊缝余高和宽度的最大值和最小值，不取平均值。

④ 背面焊缝的宽度可不测定。

⑤ 检测的基本要求：焊缝表面应当是焊后的原始状态，且没有经过加工修磨或者返修焊。

5. 检查内容与评分标准（见表 1-12）

表 1-12　管与管对接垂直固定焊试件的检查内容与评分标准

检查项目	标准、分数	焊缝等级				实际得分
		Ⅰ	Ⅱ	Ⅲ	Ⅳ	
焊缝余高	标准/mm	0~2	>2, ≤3	>3, ≤4	>4, <0	
	分数					
焊缝高低差	标准/mm	≤1	>1, ≤2	>2, ≤3	>3	
	分数					

续表

检查项目	标准、分数	焊缝等级 I	焊缝等级 II	焊缝等级 III	焊缝等级 IV	实际得分
焊缝宽度	标准/mm	8~12	超差1	超差2	超差3	
	分数					
焊缝宽窄差	标准/mm	≤1.5	>1.5, ≤2	>2, ≤3	>3	
	分数					
咬边	标准/mm	0	深度≤0.5 且长度≤15	深度≤0.5 长度>15, ≤30	深度>0.5 或 长度>30	
	分数					
根部凸出	标准/mm	通球 $\phi = 0.85d$（内径）				
	分数					
错边	标准/mm	0	≤0.5	>0.5, ≤1	>1	
	分数					
焊缝外表成型	标准	优 成型美观,鱼鳞均匀细密,高低宽窄一致	良 成型美观,鱼鳞均匀,焊缝平整	一般 成型尚可,焊缝平直	差 焊缝弯曲,高低宽窄明显,有表面焊接缺陷	
	分数					
安全文明生产	标准	劳保用品穿戴齐全				
		焊接过程中遵守安全操作规程				
		焊接完毕,场地清理干净,工具摆放整齐				
	分数					

注：1. 焊缝未盖面、焊缝表面修补，该试件外观判为0分。
2. 凡焊缝表面有裂纹、夹渣、未熔合、未焊透、气孔、焊瘤等缺陷之一的，该试件外观判为0分。

6. 无损检测

试件的射线透照按照 JB/T 4730—2005《承压设备无损检测》标准进行检测。射线透照质量不低于 AB 级、焊缝等级不低于 II 级的试件为合格。

7. 弯曲试验

弯曲试验按照 TSG Z6002—2010 的要求和 GB/T 2653—2008《焊接接头弯曲试验方法》进行。

1.4.7 管对接45°倾斜固定焊操作技术

焊接方法：手工电弧焊 　　接头形式：管对接接头
焊接位置：倾斜固定焊 　　试件材质：20g
焊条型号：E5015 　　　　焊条规格（mm）：$\phi2.5$
电流类型与极性：直流反接法
试件规格及尺寸见图 1-27。

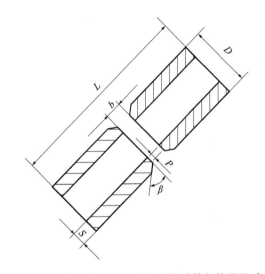

图 1-27　管对接45°倾斜固定焊试件规格及尺寸

$S=5mm$；$D=60mm$；$L=200mm$；$\beta=32°\pm1°$

1. 焊前准备

（1）焊条在使用前应按说明书规定进行烘干，烘干温度为350℃～400℃，烘干时间为1～2小时。低氢型焊条一般在常温下放置4小时以上应重新烘干，重复烘干次数不宜超过3次。焊条烘干时，禁止将焊条突然放进高温炉中，或从高温炉中突然取出冷却，以防止焊条因骤热或骤冷而产生药皮开裂现象。焊条不应成垛或成捆地放入焊条烘干箱，应铺放成层状后放入,每层堆放的焊条不能太厚(一般不超过4层),以防止焊条在烘干时受热不均和潮气不易排除。烘干后的焊条应放在保温筒内随用随取。

(2)锉削钝边 0.5~1mm,并保证两个试件组对后同轴,以确保无错边。

2. 试件装配

(1)装配间隙:装配间隙为 2.5~3.2mm。预留间隙时可以用焊条头夹在始焊端和终焊端之间来确定其大小。

(2)定位焊:可采用两点定位,定位焊长度为 10~15mm,并保证上侧间隙为 3.2mm,下侧间隙为 2.5mm。

(3)错边量:小于或等于 0.5mm。

3. 焊接工艺参数(见表 1-13)

表 1-13 焊接工艺参数

焊接层次	焊接电流/A	焊条直径/mm
打底焊	75~85	2.5
盖面焊	65~75	2.5

4. 操作要点

将管子分成左右两个半周,按斜仰焊-斜立焊-斜平焊顺序施焊,引弧和收弧部位要超过中心线 5~10mm。管对接 45°倾斜固定焊综合了管水平固定和管垂直固定两种焊接操作方法,无论是打底焊,还是盖面焊,都要保证金属熔池始终处于水平状态。

1)打底焊(采用间断灭弧法)

① 引弧位置 打底层施焊时,在仰焊部位起焊处引燃电弧,在管子上坡口侧形成局部焊缝,再向下坡口侧搭接,待连接后,将电弧向上顶送,形成熔池和熔孔。

② 熔孔大小 电弧在上坡口根部停留时间比在下坡口停留时间略长,上坡口根部熔化 1~1.5mm,下坡口根部熔化 0.5~1mm。熔孔呈椭圆形,如图 1-28 所示。

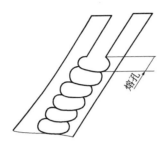

图 1-28　打底焊熔孔形状

③ 运条方式和焊条角度　熔孔和熔池形成后，采用一点击穿断弧焊的方式，采用斜锯齿形横向摆动运条向上施焊。焊条倾角和角度如图 1-29 所示。

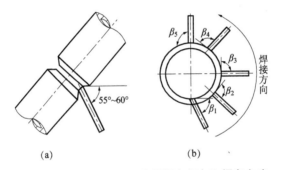

图 1-29　倾斜固定焊打底焊焊条倾角和焊条角度
（a）焊条倾角；（b）焊条角度
$\beta_1 = 70° \sim 80°$；$\beta_2 = 85° \sim 90°$；$\beta_3 = 90°$；$\beta_4 = 85° \sim 90°$；$\beta_5 = 70° \sim 80°$

④ 焊道接头　收弧时，焊条应向焊接反方向坡口面回拉 10～15mm，形成缓坡。焊道接头可采用热接法或冷接法。采用热接法接头时，在距弧坑后端 5～10mm 上坡口处引弧，焊至缓坡底部时压送电弧，稍作停顿，形成新的熔池和熔孔后，再按正常的操作方法焊接；采用冷接法接头前，收弧处焊道应先打磨成缓坡状然后再施焊。在左半周焊接接头时，先将右半周焊缝引弧处打磨成缓坡，距缓坡底部 5～10mm 处引弧，焊到缓坡底部时压送电弧，形成熔孔，再按右半周操作方法向上施焊。斜平焊封闭接头时，将前焊道端部打磨成缓坡状。当焊到缓坡底部时，压低电弧，稍作停顿，熔透根部后，再焊过右半周焊缝 10mm。

2）盖面焊

① 盖面焊的斜仰焊位置的焊接接头和运条方式如图 1-30 所示。在右

半周焊道起头处的上坡口开始焊接,向右焊至下坡口,斜锯齿形运条,起头处呈上尖角斜坡形状。左半周焊缝从尖角下部开始焊接,由短到长斜锯齿形运条向上焊接。

图 1-30 盖面焊下部接头和运条方式

② 盖面焊的斜平焊位置接头和运条方式如图 1-31 所示。焊到上部时,应使焊缝呈斜三角形,并焊过前焊缝 10~15mm。左半周焊缝与右半周焊缝收弧处应呈尖角形,与斜坡状吻合。

图 1-31 盖面焊上部接头和运条方式

3) 焊后检测

① 外观检查:采用宏观(目视或者 5 倍放大镜等)方法进行检查。

② 通球试验:用直径等于 0.85 倍管内径的钢球进行通球,若钢球通过则表示合格。

③ 用焊缝检验尺测量焊缝余高和宽度的最大值和最小值,不取平均值。

④ 背面焊缝的宽度可不测定。

⑤ 检测的基本要求:焊缝表面应当是焊后的原始状态,且没有经过加工修磨或者返修焊。

5. 检查内容与评分标准(见表 1-14)

表 1-14 管对接 45°倾斜固定焊试件的检查内容与评分标准

检查项目	标准、分数	焊缝等级				实际得分
		I	II	III	IV	
焊缝余高	标准/mm	0~2	>2, ≤3	>3, ≤4	>4, <0	
	分数					

续表

检查项目	标准、分数	焊缝等级 I	II	III	IV	实际得分
焊缝高低差	标准/mm	≤1	>1, ≤2	>2, ≤3	>3	
	分数					
焊缝宽度	标准/mm	8～12	超差1	超差2	超差3	
	分数					
焊缝宽窄差	标准/mm	≤1.5	>1.5, ≤2	>2, ≤3	>3	
	分数					
咬边	标准/mm	0	深度≤0.5且长度≤15	深度≤0.5长度>15, ≤30	深度>0.5或长度>30	
	分数					
根部凸出	标准/mm	通球 $\phi=0.85d$（内径）				
	分数					
错边	标准/mm	0	≤0.5	>0.5, ≤1	>1	
	分数					
焊缝外表成型		优	良	一般	差	
	标准	成型美观,鱼鳞均匀细密,高低宽窄一致	成型美观,鱼鳞均匀,焊缝平整	成型尚可,焊缝平直	焊缝弯曲,高低宽窄明显,有表面焊接缺陷	
	分数					
安全文明生产	标准	劳保用品穿戴齐全				
		焊接过程中遵守安全操作规程				
		焊接完毕,场地清理干净,工具摆放整齐				
	分数					

注：1. 焊缝未盖面、焊缝表面修补，该试件外观判为0分。
  2. 凡焊缝表面有裂纹、夹渣、未熔合、未焊透、气孔、焊瘤等缺陷之一的，该试件外观判为0分。

6. 无损检测

试件的射线透照按照 JB/T 4730—2005《承压设备无损检测》标准进行检测。射线透照质量不低于 AB 级、焊缝等级不低于 Ⅱ 级的试件为合格。

7. 弯曲试验

弯曲试验按照 TSG Z6002—2010 的要求和 GB/T 2653—2008《焊接接头弯曲试验方法》进行。

1.4.8 插入式管板垂直固定平焊操作技术

焊接方法：手工电弧焊　　　　接头形式：插入式管板接头
焊接位置：垂直固定平焊　　　　试件材质：板 16Mn　管 20g
焊条型号：E5015　　　　　　　　焊条规格（mm）：φ2.5，φ3.2
电流类型与极性：直流反接法
试件规格及尺寸见图 1–32。

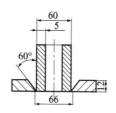

图 1–32　插入式管板垂直固定焊试件规格及尺寸

1. 焊前准备

（1）焊条在使用前应按说明书规定进行烘干，烘干温度为 350℃ ~ 400℃，烘干时间为 1~2 小时。低氢型焊条一般在常温下放置 4 小时以上应重新烘干，重复烘干次数不宜超过 3 次。焊条烘干时，禁止将焊条突然放进高温炉中，或从高温炉中突然取出冷却，以防止焊条因骤热或骤冷而产生药皮开裂现象。焊条不应成垛或成捆地放入焊条烘干箱，应铺放成层状后放入，每层堆放的焊条不能太厚（一般不超过 4 层），以防止焊条在烘干时受热不均和潮气不易排除。烘干后的焊条应放在保温筒内随用随取。

（2）将加工好的试件坡口进行修磨，以确保在板件的坡口面及坡口正反两侧 20mm 处，管件内外 30mm 处无水、锈、油污等杂质，并露出金属光泽。

(3) 板件锉削钝边 0.5~1mm。

2. 试件装配

将管子轴线与钢板孔的圆心对准,在钢管外径周长的每 1/3 长度定位焊 3 点(有一点为起焊点),根部间隙应大于或等于 3mm,定位焊缝长度应小于或等于 10mm,焊缝高度应小于或等于 2mm。定位焊缝必须单面焊双面成型,定位焊两端应加工成缓坡形,为打底层焊接接头做好准备。

3. 焊接工艺参数(见表 1-15)

表 1-15 焊接工艺参数

焊接层次	焊条直径/mm	焊接电流/A
打底焊(1)	2.5	70~80
填充焊(2)	3.2	120~130
盖面焊(3)	3.2	110~120

4. 操作要点

插入式管板垂直固定平焊和板与板对接平焊的操作方法类似,但由于两管板的厚度存在很大差异,以及二者的熔化情况不同,所以在焊接过程中应控制好电弧的燃烧,选择合适的焊接速度、运条方式和焊条角度。

1) 打底焊

① 引弧位置 打底层施焊时,在管的一侧引燃电弧,形成熔滴后迅速运条至板的另一侧,在压低电弧并击穿坡口根部后,形成熔孔和熔池。

② 熔孔大小 由于管的壁厚比板的钝边厚,因此电弧在管的一侧停顿的时间比在另一侧停顿的时间长一些,熔化板侧钝边 0.5~1mm。

③ 运条方式与焊条角度 若采用斜椭圆形运条方式,应沿管子切线方向逆时针焊接,焊条与板件的夹角约 65°,与管子切线的夹角为 60°~70°。由于焊接方向是弧线形,所以在焊接过程中,焊条倾角要随管子的曲率弧线变化而变化。

④ 焊道接头 收弧时,焊条应向焊接反方向板件坡口面回拉 10~15mm,形成缓坡。由于插入式管板接头处不易打磨,因此一般采用热接法

接头。接头时,在距弧坑后端 5~10mm 板坡面处引弧,焊至缓坡底部,压送电弧,稍作停顿,形成新的熔池和熔孔后,再按正常操作方法焊接。封闭接头施焊前,焊缝端部的焊道应先用手锯条锯成缓坡形状,然后再施焊,焊过缓坡并超过前焊缝 10mm 时,填满弧坑后熄弧。

2) 填充焊

① 填充层施焊前,应先清除打底层焊缝的熔渣、飞溅物等。

② 填充层焊接时的焊条角度与打底层基本相同,但填充层焊接时的焊条摆动幅度略大,在板的坡口侧和管侧停留时间稍长,以保证焊道平整并略下凹,并低于母材表面 0.5~1.5mm。

③ 填充层接头时,在弧坑前 10mm 处引弧,回焊至弧坑处,沿弧坑形状将弧坑填满,之后再正常施焊,但焊至结尾处时要超过始焊端 10mm 左右。

3) 盖面焊

① 盖面层施焊时,焊条角度、运条方式和接头方法与填充层相同。

② 焊条摆动幅度和运条速度要均匀一致,熔化板侧坡口棱边 0.5~2.5mm,且管侧焊脚尺寸要达到规定的要求。

4) 焊后检测

① 外观检查:采用宏观(目视或者 5 倍放大镜等)方法进行检查。

② 用焊缝检验尺测量焊脚尺寸,但只测管侧焊脚。

③ 检测的基本要求:焊缝表面应当是焊后的原始状态,且没有经过加工修磨或者返修焊。

5. 检查内容与评分标准(见表 1-16)

表 1-16 插入式管板垂直固定焊试件检查内容与评分标准

检查项目	标准、分数	焊 缝 等 级				实际得分
		Ⅰ	Ⅱ	Ⅲ	Ⅳ	
焊脚尺寸	标准/mm	5~6	超差1	超差2	超差3	
	分数					
焊缝凹凸度差	标准/mm	≤0.5	>0.5, ≤1	>1, ≤2	>2	
	分数					

续表

检查项目	标准、分数	焊缝等级				实际得分
		Ⅰ	Ⅱ	Ⅲ	Ⅳ	
咬边	标准/mm	0	深度≤0.5且长度≤15	深度≤0.5且长度>15,≤30	深度>0.5或长度>30	
	分数					
安全文明生产	标准	劳保用品穿戴齐全				
		焊接过程中遵守安全操作规程				
		焊接完毕，场地清理干净，工具摆放整齐				
	分数					

注：1. 焊缝未盖面、焊缝表面修补，该试件外观判为0分。
2. 凡焊缝表面有裂纹、夹渣、未熔合、未焊透、气孔、焊瘤等缺陷之一的，该试件外观判为0分。

6. 金相检验

按照 TSG Z6002—2010 的要求进行。

1.4.9　插入式管板水平固定焊操作技术

焊接方法：手工电弧焊　　　接头形式：插入式管板接头
焊接位置：水平固定焊　　　试件材质：板16Mn，管20g
焊条型号：E5015　　　　　焊条规格（mm）：$\phi2.5$，$\phi3.2$
电流类型与极性：直流反接法
试件规格及尺寸见图1-33。

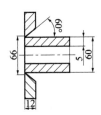

图1-33　插入式管板水平固定焊试件规格及尺寸

1. 焊前准备

（1）焊条在使用前应按说明书规定进行烘干，烘干温度为350℃～400℃，烘干时间为1～2小时。低氢型焊条一般在常温下放置4小时以上应重新烘干，重复烘干次数不宜超过3次。焊条烘干时，禁止将焊条突然放进高温炉中，或从高温炉中突然取出冷却，以防止焊条因骤热或骤冷而产生药皮开裂现象。焊条不应成垛或成捆地放入焊条烘干箱，应铺放成层状后放入，每层堆放的焊条不能太厚（一般不超过4层），以防止焊条在烘干时受热不均和潮气不易排除。烘干后的焊条应放在保温筒内随用随取。

（2）将加工好的试件坡口进行修磨，以确保在板件坡口面及坡口正反两侧20mm处和管件内外30mm处无水、锈、油污等杂质，并露出金属光泽。

（3）板件锉削钝边0.5～1 mm。

2. 试件装配

将管子轴线与钢板孔的圆心对准，在钢管外径周长的每1/3长度定位焊3点（有一点为起焊点），根部间隙应大于或等于3mm，定位焊缝长度应小于或等于10mm，焊缝高度应小于或等于2mm。定位焊缝必须单面焊双面成型，定位焊两端应加工成缓坡形，为打底层焊接接头做好准备。

3. 焊接工艺参数（见表1-17）

表1-17 焊接工艺参数

焊接层次	焊条直径/mm	焊接电流/A
打底焊（1）	2.5	70～80
填充焊（2）	3.2	120～130
盖面焊（3）	3.2	95～110

4. 操作要点

施焊时，将管板焊缝分为左、右两个半圆，即一个半圆是时钟钟面的6点半→3点→11点半位置，另一个半圆是时钟钟面的5点半→9点→12点半位置。

1）打底焊

① 引弧位置　在管板对口6点半的位置引弧，施焊过程中要始终保持

电弧将钢板坡口处的钝边间隙击穿,并透过护目镜能清楚地看到铁水和熔渣通过熔孔顺利地流向接口的背面,焊接速度稍快,打底层焊层略薄,焊条摆动到管壁一侧时应稍作停顿。

② 熔孔大小　电弧燃烧稳定后,迅速压低电弧,把电弧热量集中在钢板坡口面的根部间隙上,并形成 4~4.5mm 大小的熔孔。

③ 运条方式和焊条角度　焊条与钢板面的夹角为 60°~70°,与焊接方向的倾角为 70°~80°,并做小幅度锯齿形或小月牙形横向摆动向上焊接,其目的是将管壁良好地熔化,并给足铁水,以避免产生夹渣等缺陷。在施焊过程中,应巧妙利用电弧击穿管板接口来控制管板内成型的焊接质量,即 6 点半→3 点处(仰焊及斜仰焊位)电弧的 2/3 长度应作用于管壁上,这样做可防止或减少内凹现象;3 点→11 点半处(立焊及平焊位)电弧在接口内的长度应逐渐变成 1/2,这样做能防止管板内焊缝成型过高或出现焊瘤。施焊中还应注意的是,焊条的摆动应随管板接口的曲率变化进行水平运动,从而控制熔池形状,防止熔渣超前流动,造成夹渣、未熔合及未焊透等缺陷。当一个半圆焊完时,再进行另一个半圆的焊接,其方法同上。

④ 焊道接头　接头时,更换焊条的速度要快。在熔池尚处在红热状态时,立即在坡口前方 10mm 处引弧。当电弧稳定燃烧后,压低电弧,焊条在向坡口根部送进的同时做锯齿形摆动。当听到电弧击穿坡口根部发出的"噗噗"声后,电弧稍作停顿,再恢复正常焊接。

2)填充层

① 填充层施焊前,先清除打底层焊缝的熔渣、飞溅物等。

② 填充层焊接时的焊条角度与打底焊相同,焊条采取 "8" 字形运条方式向上摆动。焊条摆动到管壁一侧时稍作停顿,此时给管侧填送的铁水应多些,否则焊缝会出现死角。合适的填充层焊缝形状为钢板一侧坡口要填满(但要保留一圈坡口的棱角),形成管壁一侧稍高、板坡口一侧稍低的自然斜面,为盖面层的焊接打下良好的基础。

3)盖面层

① 盖面层施焊时,焊条角度、运条方式和接头方法与填充层相同。

② 施焊时,焊条仍采取 "8" 字形运条方式,随管板接口的曲率变化

向上摆动,焊速要匀,运条要稳。当焊条摆动到距钢板坡口边缘 2.5mm 处及管侧时要稍作停顿,管侧焊脚尺寸要达到规定的要求,以防止咬边等缺陷的产生。

4) 焊后检测

① 外观检查:采用宏观(目视或者 5 倍放大镜等)方法进行检查。

② 用焊缝检验尺测量焊脚尺寸,但只测管侧焊脚。

③ 检测的基本要求:焊缝表面应当是焊后的原始状态,且没有经过加工修磨或者返修焊。

5. 检查内容与评分标准(见表 1-18)

表 1-18 插入式管板垂直固定焊试件的检查内容与评分标准

检查项目	标准、分数	焊缝等级				实际得分
		Ⅰ	Ⅱ	Ⅲ	Ⅳ	
焊脚尺寸	标准/mm	5~6	超差1	超差2	超差3	
	分数					
焊缝凹凸度差	标准/mm	≤0.5	>0.5,≤1	>1,≤2	>2	
	分数					
咬边	标准/mm	0	深度≤0.5 且长度≤15	深度≤0.5 且长度>15,≤30	深度>0.5 或长度>30	
	分数					
安全文明生产	标准	劳保用品穿戴齐全				
		焊接过程中遵守安全操作规程				
		焊接完毕,场地清理干净,工具摆放整齐				
	分数					

注:1. 焊缝未盖面、焊缝表面修补,该试件外观判为 0 分。
2. 凡焊缝表面有裂纹、夹渣、未熔合、未焊透、气孔、焊瘤等缺陷之一的,该试件外观判为 0 分。

6. 金相检验

按照 TSG Z6002—2010 的要求进行。

项目二

二氧化碳气体保护焊

2.1 二氧化碳气体保护焊安全操作规程

2.1.1 施焊前准备工作

（1）按照焊接安全标准穿戴好劳保用品和防护用具，以防止焊接过程中产生的飞溅物烧伤皮肤。

（2）焊机应放置在距墙壁和其他设备的水平距离大于0.3m的地方，且保持通风良好，不得放置在日光直射、环境潮湿和灰尘较多的地方。

（3）施焊工作场地的风速应较小，必要时可采取防风措施。

（4）二氧化碳气瓶应固定牢靠，并放置在距热源的水平距离大于3m、温度低于40℃的地方，禁止将气瓶随意倒下放置。气瓶阀门处不得有污染，开启气瓶阀门时，不得将脸靠近阀门口。

（5）检查二氧化碳气体减压阀和流量计，安装螺母应紧固，减压阀和流量计的气体入口和出口处不得有油污和灰尘。气管连接应牢固，无泄漏。采用电加热器时，电压应低于36V，电加热器外壳接地良好。

（6）检查设备技术的状态，以确保技术状态良好，以及焊机机壳接地良好。检查焊接电缆，焊接电源的"-"端应与工件可靠连接，"+"端应与焊枪可靠连接。

（7）应保证焊枪的喷嘴与导电部件的绝缘性良好，导电嘴和焊丝的接触可靠，送丝机构和减速箱的润滑性良好。

（8）焊机上不得堆放杂物。

2.1.2 焊接的注意事项

（1）施焊人员打开电焊机开关时，应戴干燥的绝缘手套，且手不得按在电焊机的外壳上。

（2）如在焊接过程中发现电焊机冒烟等故障，则不得继续使用电焊机，而必须停机检查。

（3）禁止在带压、带气、带电的设备上进行焊接，特殊情况下必须焊接时，应采取周密的安全措施。

（4）禁止在存储易燃、易爆物品的房间内进行焊接，如必须焊接时，焊接点距易燃、易爆物品最小水平距离为5m，并根据现场情况采取可靠的安全措施。

（5）在可能引起火灾的场所附近焊接时，应设专人监护，并保持容器通风良好，容器内使用的行灯电压不准超过12V，行灯变压器的外壳应可靠接地，不准使用自耦变压器。施焊人员在焊接完成离开现场时，必须检查现场，确保无火种留下。

（6）禁止在雨雪环境中焊接，如必须施焊，则采取防雨雪措施。

（7）及时清除黏附在喷嘴上的金属飞溅物。

（8）随时注意二氧化碳气瓶中的气存量，保证气瓶中的剩余压力不得小于1MPa。

（9）调节焊丝干伸长度时，不得观看焊嘴孔，不得将焊枪前端靠近脸部及身体，不得将手指、头发和衣服等靠近送丝轮等回转部位。气体保护焊机作业结束后，禁止立即用手触摸焊枪导电嘴。

2.1.3 设备与工具的使用安全

（1）检查输入电压是否为三相交流380V电源，主机机壳是否接地，电缆和接线端子的连接部位是否有绝缘带绝缘。

（2）定期清洁焊机，检查插头、插座和固定螺母等是否有松动。

（3）必须拧紧导电嘴，导电嘴长度与喷嘴长度相等或比喷嘴短2～3mm为宜。内孔磨损较大时应及时更换，以保证电弧的稳定。

（4）使用喷嘴时一定要将其拧紧，以防止漏气和喷嘴长度发生变化。

及时清除黏附在喷嘴上的飞溅物，但不能用敲击的方法清除。应保证喷嘴与导电嘴的同心度，以避免乱流、涡流的现象发生。

（5）焊接时必须使用气筛，若气筛破损应必须及时更换，以保证供气均匀，防止喷嘴与导电嘴粘连，隔离并保护喷嘴接头。

（6）安装枪管必须到位，并用内六角扳手拧紧。绝缘套管应完好无损，若破损应及时处理。

（7）定期检查送丝管送丝阻力，并用敲打法、揉搓法和拉丝法及时清理、除尘。当发现送丝管老化而造成送丝不稳时，应及时更换。

（8）焊枪与送丝机的安装位置应正确，并用内六角扳手将它们拧紧。气管接头用扳手轻轻拧紧，焊接时气管的弯曲半径不能小于300mm，否则供气和送丝将受到影响。严禁用焊枪拖拽送丝机。

（9）送丝机移动时应避免撞击，以免造成机架变形、损坏，禁止通过拉动焊枪来移动送丝机。送丝轮的槽径、焊接电源面板上丝径的选择以及手柄的压力都要与焊丝直径相对应。

（10）二氧化碳气瓶必须直立固定好。使用二氧化碳气体时，流量计必须加热，且保持刻度管与水平面垂直。供气管的任何部位都不应有气体泄漏，以节约气体。

2.2 二氧化碳气体保护焊操作技术

2.2.1 板与板对接平焊单面焊双面成型技术

焊接方法：半自动二氧化碳气体保护焊　接头形式：板对接接头
焊接位置：平焊　　　　　　　　　　　　试件材质：Q235
焊丝型号：ER50-6　　　　　　　　　　　焊丝规格（mm）：$\phi1.2$
电流类型与极性：直流反接法
试件规格及尺寸见图2-1。

1. 焊前准备

（1）将加工好的试件坡口进行修磨，以确保在试件坡口面及坡口正反

项目二 二氧化碳气体保护焊

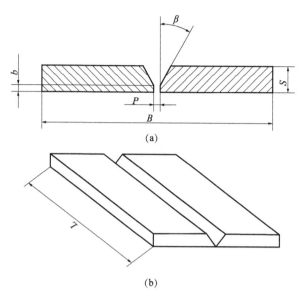

图 2-1 板与板对接平焊试件规格及尺寸
(a) 剖面图；(b) 平面图
$S=12\,\mathrm{mm}$；$B=250\,\mathrm{mm}$；$L=300\,\mathrm{mm}$；$\beta=32°\pm1°$

两侧 20mm 处无水、锈、油污等杂质，并露出金属光泽。为防止飞溅物堵塞喷嘴并比较容易被清理，可在试件表面上涂一层飞溅防粘剂，在喷嘴上涂一层喷嘴防堵剂。

（2）锉削钝边 0.5~1.5 mm，并保证两个试件组对后比较平齐，以便在装配时间隙比较均匀。

2. 试件装配

（1）装配间隙：始焊端 2.5mm，终焊端 3.2mm。预留间隙时可以用焊条头夹在始焊端和终焊端之间来确定其大小。

（2）定位焊：为防止错边，一般在试件反面的两端进行点焊定位，然后翻过来再从正面进行加固。定位焊长度始焊端约 10mm，终焊端约 15mm，厚度约 5mm。终焊端的定位一定要牢固，以防止由于收缩变形引起间隙过小而影响焊接。

（3）预留反变形：3°~4°。

（4）错边量：小于或等于 1.2mm。

3. 焊接工艺参数（见表 2-1）

表 2-1 焊接工艺参数

焊道位置	焊丝直径/mm	伸出长度/mm	焊接电流/A	焊接电压/V	气体流量/(L·min^{-1})
打底焊	1.2	10~15	90~110	18~20	10~15
填充焊	1.2	15~20	210~230	23~25	10~15
盖面焊	1.2	15~20	220~240	24~25	10~15

4. 操作要点

二氧化碳气体保护焊平焊一般采用左焊法，间隙小的一端放在右侧。三层三道焊接，焊道分布如图 2-2 所示。

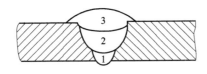

图 2-2 焊道分布

1) 打底焊

① 引弧位置 在试件右端距待焊处左侧 15~20mm 坡口一侧引燃电弧，再将电弧快速移至试件右端的起焊点。当坡口根部形成熔孔后，开始向左焊接。在焊接过程中，始终保持电弧在离坡口根部 2~3mm 处燃烧，控制喷嘴的高度，保持喷嘴的高度一致，并控制打底层焊道厚度不超过 4mm。

② 熔孔大小 熔孔的大小决定背部焊缝的宽度和余高，这就要求在焊接过程中要控制熔孔直径始终比间隙大 1~2mm，如图 2-3 所示。若熔孔

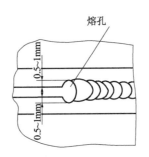

图 2-3 平焊时熔孔的大小

太小,则根部熔合不好;若熔孔太大,则根部焊道会变宽、变高,容易引起烧穿和产生焊瘤。这就要求操作人员在焊接过程中要仔细观察熔孔大小,并根据间隙和熔孔直径的变化、试件温度的变化及时调整焊枪角度、摆动幅度和焊接速度。施焊中只有保持熔孔直径不变,才能很好地掌握单面焊双面成型的操作技术,从而获得宽窄与高低均匀的背面焊道。

③ 焊枪角度和摆动方式 焊枪角度如图2-4所示,焊枪做小幅度锯齿形或月牙形横向摆动,摆动幅度约为3mm。焊枪在坡口两侧稍作停顿,当摆动到中间时速度稍快,然后连续向左移动。为保证坡口两侧的熔合,在焊接过程中需注意观察坡口面的熔合情况,并依靠焊枪的摆动、电弧在坡口两侧的停顿时间来确保坡口面的熔合良好。

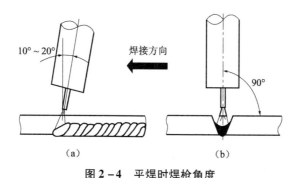

图2-4 平焊时焊枪角度

(a) 角度为10°~20°;(b) 角度为90°

④ 焊道接头 二氧化碳气保焊打底时应尽量避免接头,如的确需要接头,应把接头处打磨出斜坡状,引弧时从斜坡的顶端引燃,再按正常的操作方法进行焊接即可。

2) 填充焊

①填充层施焊前,应先将打底层的飞溅物和熔渣等清理干净,并将凸起不平的地方打磨平整。

②填充焊时,焊枪的角度与摆动方式与打底焊基本相同,但摆动幅度比打底焊稍大些。在焊接过程中,应控制两侧坡口的熔合,以保证两侧坡口有一定的熔深,焊道平整并有一定的下凹,如图2-5所示。填充层的高度应低于母材1.5~2mm,且一定不能熔化坡口两侧的棱边,以便盖面焊时能看清坡口,为盖面焊打好基础。

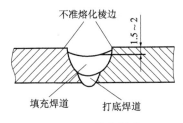

图 2-5 填充焊道

3）盖面焊

① 盖面层施焊前，应先将填充层的飞溅物和熔渣等清理干净。

② 在焊接时要控制焊枪的摆动幅度，焊枪的摆动幅度比填充焊时要更大一些，焊枪摆动时幅度要一致，速度要均匀。要注意观察坡口两侧的熔化情况，以保证熔池的边缘超过坡口两侧的棱边 0.5~2.5mm，避免咬边等缺陷的产生。

③ 收尾时填满弧坑并待电弧熄灭、熔池凝固后才能移开焊枪，以避免出现弧坑裂纹和气孔。

4）焊后检测

① 外观检查：采用宏观（目视或者 5 倍放大镜等）方法进行检查。

② 试件两端 20mm 内的缺陷不计。

③ 用焊缝检验尺测量焊缝余高和宽度的最大值和最小值，不取平均值。

④ 背面焊缝的宽度可不测定。

⑤ 检测的基本要求：焊缝表面应当是焊后的原始状态，且没有经过加工修磨或者返修焊。

5. 检查内容与评分标准（见表 2-2）

表 2-2 板与板对接平焊试件的检查内容与评分标准

检查项目	标准、分数	焊缝等级				实际得分
		Ⅰ	Ⅱ	Ⅲ	Ⅳ	
焊缝余高	标准/mm	0~1	>1, ≤2	>2, ≤3	>3, <0	
	分数					
焊缝高低差	标准/mm	≤1	>1, ≤2	>2, ≤3	>3	
	分数					

续表

检查项目	标准、分数	焊缝等级				实际得分
		Ⅰ	Ⅱ	Ⅲ	Ⅳ	
焊缝宽度	标准/mm	16~20	超差1	超差2	超差3	
	分数					
焊缝宽窄差	标准/mm	≤1.5	>1.5,≤2	>2,≤3	>3	
	分数					
咬边	标准/mm	0	深度≤0.5且长度≤15	深度≤0.5 长度>15,≤30	深度>0.5或长度>30	
	分数					
内凹	标准/mm	0	深度≤0.5且长度≤15	深度≤0.5 长度>15,≤30	深度>0.5或长度>30	
	分数					
错边量	标准/mm	0	≤0.7	>0.7,≤1.2	>1.2	
	分数				0	
角变形	标准/mm	0~1	≥1,≤3	>3,≤5	>5	
	分数					
焊缝外表成型	标准	优 成型美观,鱼鳞均匀细密,高低宽窄一致	良 成型美观,鱼鳞均匀,焊缝平整	一般 成型尚可,焊缝平直	差 焊缝弯曲,高低宽窄明显,有表面焊接缺陷	
	分数					

注：1. 焊缝未盖面、焊缝表面及根部修补，该试件外观判为0分。
2. 凡焊缝表面有裂纹、夹渣、未熔合、未焊透、气孔、焊瘤等缺陷之一的，该试件外观判为0分。

6. 无损检测

试件的射线透照按照 JB/T 4730—2005《承压设备无损检测》标准进行检测。射线透照质量不低于 AB 级、焊缝等级不低于Ⅱ级的试件为合格。

7. 弯曲试验

弯曲试验按照 TSG Z6002—2010 的要求和 GB/T 2653—2008《焊接接头弯曲试验方法》进行。

2.2.2 板与板对接立焊单面焊双面成型技术

焊接方法：半自动二氧化碳气保焊　　接头形式：板对接接头
焊接位置：立焊　　　　　　　　　　试件材质：Q235
焊丝型号：ER50-6　　　　　　　　　焊丝规格（mm）：$\phi1.2$
电流类型与极性：直流反接法
试件规格及尺寸见图 2-6。

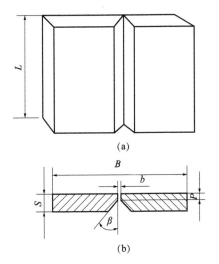

图 2-6　板与板对接立焊试件规格及尺寸

（a）平面图；（b）剖面图

$S=12mm$；$B=250mm$；$L=300mm$；$\beta=32°\pm1°$

1. 焊前准备

（1）将加工好的试件坡口进行修磨，以确保在试件坡口面及坡口正反两侧 20mm 处无水、锈、油污等杂质，并露出金属光泽。为防止飞溅物堵塞喷嘴并比较容易被清理，可在焊件表面上涂一层飞溅防粘剂，在喷嘴上涂一层喷嘴防堵剂。

（2）锉削钝边 0.5~1.5 mm，并保证两个试件组对后比较平齐，以便在装配时间隙比较均匀。

2. 试件装配

（1）装配间隙：始焊端 2.5mm，终焊端 3.2mm。预留间隙时可以用焊条头夹在始焊端和终焊端之间来确定其大小。

（2）定位焊：为防止错边，一般在试件反面的两端进行点焊定位，然后再翻过来从正面进行加固。定位焊长度始焊端约 10mm，终焊端约 15mm，厚度约 5mm。终焊端的定位一定要牢固，以防止由于收缩变形引起间隙过小而影响焊接。

（3）预留反变形：3°~4°。

（4）错边量：小于或等于 1.2mm。

3. 焊接工艺参数（见表 2-3）

表 2-3 焊接工艺参数

焊道位置	焊丝直径 /mm	伸出长度 /mm	焊接电流 /A	焊接电压 /V	气体流量 /(L·min^{-1})
打底焊	1.2	10~15	90~100	18~19	10~15
填充焊	1.2	15~20	130~140	20~21	10~15
盖面焊	1.2	15~20	130~140	20~21	10~15

4. 焊接操作要点

将试件固定在垂直位置，将间隙小的一端放在下侧，采用立向上焊法，焊接三层三道。

1）打底焊

① 引弧位置　引弧时，在试件下端定位焊缝上侧 15~20mm 处引燃电弧，并将电弧快速移至定位焊缝上，停留 1~2s 后开始做锯齿形摆动。当电弧越过定位焊的上端并形成熔孔后，转入连续向上的正常焊接。

② 熔孔大小　在焊接过程中要控制电弧熔化两侧钝边 0.5~1mm，如图 2-7 所示。仔细观察熔孔大小，并尽可能地维持熔孔直径不变。

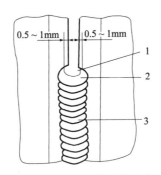

图2-7 立焊时熔孔的大小

1-熔孔；2-熔池；3-焊缝

③ 焊枪角度和摆动方式　焊枪角度如图2-8所示。为了防止熔池金属在重力的作用下下坠，除了使焊接电流较小外，正确的焊枪角度和摆动方式也很关键，如图2-9所示。在焊接过程中，应始终保持焊枪角度在与试件表面垂直线上下10°的范围内。操作人员要克服将焊枪指向下方的不良习惯，这种不正确的操作方法会减小熔深，影响焊透。摆动焊枪时，要注意摆幅与摆动波纹间距的匹配。小摆幅和月牙形大摆幅会使焊道成型好，而下凹的月牙形摆动则会造成焊道下坠。采用小摆幅时，由于热量集中，要防止焊道过分凸起。为防止铁水下淌，焊枪在焊道中间摆动要稍快，在坡口两侧稍作停顿，以保证坡口两侧的熔合。

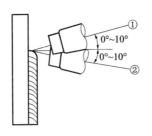

图2-8 立焊时焊枪角度

④ 焊道接头　如在焊接过程需要中断接头，则应把弧坑处打磨出斜坡，在斜坡的顶端引燃电弧，然后连续向上施焊，转入正常的操作。

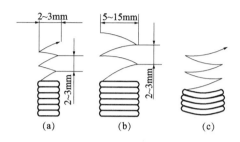

图 2-9 立焊时摆动方式
(a) 小摆幅；(b) 月牙形大摆幅；(c) 不正确

3）填充焊

① 填充层施焊前，应先将打底层的飞溅物和熔渣等清理干净，并将凸起不平的地方打磨平整。

② 填充焊时，焊枪的横向摆动幅度较打底焊要稍大些。同时，焊枪从坡口的一侧摆至另一侧时速度也要稍快，以防止焊道形成凸形。电弧在坡口两侧要有一定的停顿，以保证有一定的熔深，焊道平整并有一定的下凹。填充层的高度应低于母材1.5~2mm，且不能熔化坡口两侧的棱边，以便盖面焊时能看清坡口，为盖面焊打好基础。

4）盖面焊

① 盖面层施焊前，应先将填充层的飞溅物和熔渣等清理干净，并将凸起不平的地方打磨平整。

② 盖面焊时，焊枪的摆动幅度比填充焊要更大一些。焊枪做锯齿形摆动时，应注意幅度一致，速度均匀上升。注意观察坡口两侧的熔化情况，以保证熔池边缘超过坡口两侧的棱边0.5~2.5mm，以避免咬边和焊瘤的产生，同时，还要控制好喷嘴高度和收弧角度，以避免出现弧坑裂纹和气孔。

5）焊后检测

① 外观检查：采用宏观（目视或者5倍放大镜等）方法进行检查。

② 试件两端20mm内的缺陷不计。

③ 用焊缝检验尺测量焊缝余高和宽度的最大值和最小值，不取平均值。

④ 背面焊缝的宽度可不测定。

⑤ 检测的基本要求：焊缝表面应当是焊后的原始状态，且没有经过加工修磨或者返修焊。

5. 检查内容与评分标准（见表2-4）

表2-4 板与板对接立焊试件的检查内容与评分标准

检查项目	标准、分数	焊缝等级				实际得分
		Ⅰ	Ⅱ	Ⅲ	Ⅳ	
焊缝余高	标准/mm	0~2	>2，≤3	>3，≤4	>4，<0	
	分数					
焊缝高低差	标准/mm	≤1	>1，≤2	>2，≤3	>3	
	分数					
焊缝宽度	标准/mm	16~20	超差1	超差2	超差3	
	分数					
焊缝宽窄差	标准/mm	≤1.5	>1.5，≤2	>2，≤3	>3	
	分数					
咬边	标准/mm	0	深度≤0.5 且长度≤15	深度≤0.5 长度>15，≤30	深度>0.5 或长度>30	
	分数					
内凹	标准/mm	0	深度≤0.5 且长度≤15	深度≤0.5 长度>15，≤30	深度>0.5 或长度>30	
	分数					
错边量	标准/mm	0	≤0.7	0.7~1.2	>1.2	
	分数					
角变形	标准/mm	0~1	≥1，≤3	>3，≤5	>5	
	分数					

续表

检查项目	标准、分数	焊缝等级				实际得分
		Ⅰ	Ⅱ	Ⅲ	Ⅳ	
焊缝外表成型	标准	优 成型美观,鱼鳞均匀细密,高低宽窄一致	良 成型美观,鱼鳞均匀,焊缝平整	一般 成型尚可,焊缝平直	差 焊缝弯曲,高低宽窄明显,有表面焊接缺陷	
	分数					
安全文明生产	标准	劳保用品穿戴齐全				
		焊接过程中遵守安全操作规程				
		焊接完毕,场地清理干净,工具摆放整齐				
	分数					

注:1. 焊缝未盖面、焊缝表面及根部修补,该试件外观判为0分。
2. 凡焊缝表面有裂纹、夹渣、未熔合、未焊透、气孔、焊瘤等缺陷之一的,该试件外观判为0分。

6. 无损检测

试件的射线透照按照JB/T 4730—2005《承压设备无损检测》标准进行检测。射线透照质量不低于AB级、焊缝等级不低于Ⅱ级的试件为合格。

7. 弯曲试验

弯曲试验按照TSG Z6002—2010的要求和GB/T 2653—2008《焊接接头弯曲试验方法》进行。

2.2.3 板与板对接横焊单面焊双面成型技术

焊接方法:半自动二氧化碳气保焊　　接头形式:板对接接头
焊接位置:横焊　　试件材质:Q235
焊丝型号:ER50-6　　焊丝规格(mm):$\phi1.2$
电流类型与极性:直流反接法
试件规格及尺寸见图2-10。

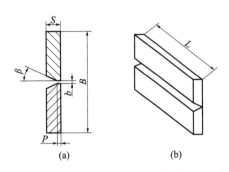

图 2-10 板与板对接横焊试件规格及尺寸

（a）剖面图；（b）平面图

$S=12\text{mm}$；$B=250\text{mm}$；$L=300\text{mm}$；$\beta=32°\pm1°$

1. 焊前准备

（1）将加工好的试件坡口进行修磨，以确保在试件坡口面及坡口正反两侧20mm处无水、锈、油污等杂质，并露出金属光泽。为防止飞溅物堵塞喷嘴并比较容易被清理，可在焊件表面上涂一层飞溅防粘剂，在喷嘴上涂一层喷嘴防堵剂。

（2）锉削钝边0.5~1.5 mm，并保证两个试件组对后比较平齐，以便在装配时间隙比较均匀。

2. 试件装配

（1）装配间隙：始焊端2.5mm，终焊端3.2mm。预留间隙时可以用焊条头夹在始焊端和终焊端之间来确定其大小。

（2）定位焊：为防止错边，一般在试件反面的两端进行点焊定位，然后翻过来再从正面进行加固。定位焊长度始焊端约10mm，终焊端约15mm，厚度约5mm。终焊端的定位一定要牢固，以防止由于收缩变形引起间隙过小而影响焊接。

（3）预留反变形：6°~8°。

（4）错边量：小于或等于1.2mm。

3. 焊接工艺参数（见表2-5）

表2-5 焊接工艺参数

焊道位置	焊丝直径 /mm	伸出长度 /mm	焊接电流 /A	焊接电压 /V	气体流量 /(L·min^{-1})
打底焊	1.2	10~15	90~100	18~19	10~15
填充焊	1.2	15~20	130~140	20~21	10~15
盖面焊	1.2	15~20	130~140	20~21	10~15

4. 操作要点

将试件固定，焊缝位于水平位置，注意将间隙小的一端放在右侧。采用左焊法，三层六道焊接，焊道分布如图2-11所示，按照图中1至6的顺序进行焊接。

图2-11 焊道分布

1. 打底焊

① 引弧位置　在试件右端定位焊缝的左侧15~20mm处引燃电弧，并将电弧快速移至试件右端的起焊点。当坡口根部形成熔孔后，再开始向左焊接。

② 熔孔大小　在焊接过程中，应控制电弧熔化两侧钝边0.5~1mm，如图2-12所示。仔细观察熔孔大小，电弧在上侧坡口的停顿时间比下侧停顿时间要长。

③ 焊枪角度和摆动方式　焊枪做小幅度锯齿形横向摆动，连续向左施

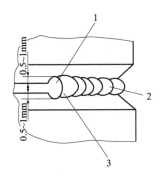

图 2-12 横焊时的熔孔大小

1—熔孔；2—熔道；3—熔池

焊，如图 2-13 所示。为保证坡口两侧的熔合，在焊接过程中应注意观察坡口面的熔合情况，并依靠焊枪的角度及摆动、电弧在坡口两侧的停顿时间，来保证坡口面良好的熔合。注意焊枪角度和停顿时间，以避免下坡口熔化过多，造成背部焊道出现下坠或焊瘤。

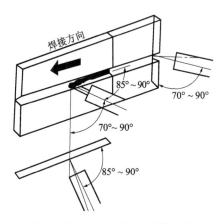

图 2-13 打底焊时的焊枪角度

④ 焊道接头 在焊接过程中如需要中断接头时，应把弧坑处打磨出斜坡，在斜坡的顶端引燃电弧后连续向左施焊，然后转入正常的操作。

2）填充焊

① 填充层施焊前，应先将打底层的飞溅物和熔渣等清理干净，并将凸起不平的地方打磨平整。

②填充焊时,焊枪的对准方向及角度如图2-14所示。焊接填充焊道"2"时,焊枪指向第一层焊道的下趾端部,形成0°~10°的俯角,采用直线式焊法;焊接填充焊道"3"时,焊枪指向第一层焊道的上趾端部,形成0°~10°的仰角,并以第一层焊道的上趾处为中心作横向椭圆形摆动,注意避免形成凸形焊道和产生咬边。填充层的高度应低于母材0.5~2mm,并距下坡口棱边约2mm。注意一定不能熔化坡口两侧的棱边,以便盖面焊时能看清坡口,为盖面焊打好基础。

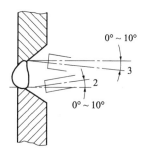

图2-14 横焊时填充焊焊枪对准方向及角度

3) 盖面焊

①盖面层施焊前,应先将填充层的飞溅物和熔渣等清理干净,并将凸起不平的地方打磨平整。

②盖面焊时,焊枪的对准方向及角度如图2-15所示。盖面焊共焊接三道,依次从下往上焊接。焊枪摆动时应注意幅度一致,速度均匀,每条焊道要压住前一焊道的2/3左右。焊接盖面焊道"4"时,特别要注意坡口下侧的熔化情况,以保证坡口下边缘的均匀熔化,避免产生咬边和未熔

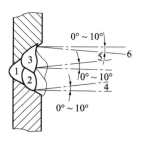

图2-15 横焊时盖面焊焊枪的对准方向及角度

合；焊接盖面焊道"5"时，控制熔池的下边缘在盖面焊道"4"的1/2～2/3处；焊接盖面焊道"6"时，特别要注意调整焊接速度和焊枪的角度，以保证坡口上边缘均匀熔化，以避免由于铁水下淌而产生咬边。

4）焊后检测

① 外观检查：采用宏观（目视或者5倍放大镜等）方法进行检查。

② 试件两端20mm内的缺陷不计。

③ 用焊缝检验尺测量焊缝余高和宽度的最大值和最小值，不取平均值。

④ 背面焊缝的宽度可不测定。

⑤ 检测的基本要求：焊缝表面应当是焊后的原始状态，且没有经过加工修磨或者返修焊。

5. 检查内容与评分标准（见表2-6）

表2-6 板与板对接横焊试件的检查内容与评分标准

检查项目	标准、分数	焊缝等级				实际得分
		Ⅰ	Ⅱ	Ⅲ	Ⅳ	
焊缝余高	标准/mm	0～2	>2，≤3	>3，≤4	>4，<0	
	分数					
焊缝高低差	标准/mm	≤1	>1，≤2	>2，≤3	>3	
	分数					
焊缝宽度	标准/mm	16～20	超差1	超差2	超差3	
	分数					
焊缝宽窄差	标准/mm	≤1.5	>1.5，≤2	>2，≤3	>3	
	分数					
咬边	标准/mm	0	深度≤0.5 且长度≤15	深度≤0.5 长度>15，≤30	深度>0.5 或长度>30	
	分数					
内凹	标准/mm	0	深度≤0.5 且长度≤15	深度≤0.5 长度>15，≤30	深度>0.5 或长度>30	
	分数					

续表

检查项目	标准、分数	焊缝等级				实际得分
		Ⅰ	Ⅱ	Ⅲ	Ⅳ	
错边量	标准/mm	0	≤0.7	0.7~1.2	>1.2	
	分数					
角变形	标准/mm	0~1	≥1,≤3	>3,≤5	>5	
	分数					
焊缝外表成型	标准	优 成型美观,鱼鳞均匀细密,高低宽窄一致	良 成型美观,鱼鳞均匀,焊缝平整	一般 成型尚可,焊缝平直	差 焊缝弯曲,高低宽窄明显,有表面焊接缺陷	
	分数					
安全文明生产	标准	劳保用品穿戴齐全				
		焊接过程中遵守安全操作规程				
		焊接完毕,场地清理干净,工具摆放整齐				
	分数					

注:1. 焊缝未盖面、焊缝表面及根部修补,该试件外观判为0分。
2. 凡焊缝表面有裂纹、夹渣、未熔合、未焊透、气孔、焊瘤等缺陷之一的,该试件外观判为0分。

6. 无损检测

试件的射线透照按照JB/T 4730—2005《承压设备无损检测》标准进行检测。射线透照质量不低于AB级、焊缝等级不低于Ⅱ级的试件为合格。

7. 弯曲试验

弯曲试验按照TSG Z6002—2010的要求和GB/T 2653—2008《焊接接头弯曲试验方法》进行。

2.2.4 板与板对接仰焊单面焊双面成型技术

焊接方法:半自动二氧化碳气保焊　　接头形式:板对接接头
焊接位置:仰焊　　　　　　　　　　　试件材质:Q235

焊丝型号：ER50-6　　　　焊丝规格（mm）：φ1.2

电流类型与极性：直流反接法

试件规格及尺寸见图2-16。

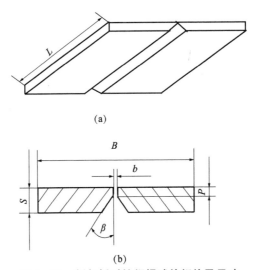

图2-16　板与板对接仰焊试件规格及尺寸

(a) 平面图；(b) 剖面图

$S = 12\text{mm}$；$B = 250\text{mm}$；$L = 300\text{mm}$；$\beta = 32° \pm 1°$

1. 焊前准备

（1）将加工好的试件坡口进行修磨，以确保在试件坡口面及坡口正反两侧20mm处无水、锈、油污等杂质，并露出金属光泽。为防止飞溅物堵塞喷嘴并比较容易被清理，可在焊件的表面上涂一层飞溅防粘剂，在喷嘴上涂一层喷嘴防堵剂。

（2）锉削钝边0.5~1.5mm，并保证两个试件组对后比较平齐，以便在装配时间隙比较均匀。

2. 试件装配

（1）装配间隙：始焊端2.5mm，终焊端3.2mm。预留间隙时可以用焊条头夹在始焊端和终焊端之间来确定其大小。

（2）定位焊：为防止错边，一般在试件反面的两端进行点焊定位，然后翻过来再从正面进行加固。定位焊长度始焊端约10mm，终焊端约15mm，厚度约5mm。终焊端的定位一定要牢固，以防止由于收缩变形引起间隙过小而影响焊接。

（3）预留反变形：3°~4°。

（4）错边量：小于或等于1.2mm。

3. 焊接工艺参数（见表2-7）

表2-7 焊接工艺参数

焊道位置	焊丝直径/mm	伸出长度/mm	焊接电流/A	焊接电压/V	气体流量/(L·min^{-1})
打底焊	1.2	10~15	90~100	18~19	10~15
填充焊	1.2	10~15	120~130	19~20	10~15
盖面焊	1.2	10~15	120~130	19~20	10~15

4. 操作要点

板对接仰焊时采用右焊法，把间隙小的一端放在左侧，焊接层数为三层三道。

1）打底焊

① 引弧位置　在定位焊缝的始焊端引燃电弧，连续向右施焊直至根部间隙处被击穿形成熔孔。

② 熔孔大小　在焊接过程中，电弧一定要短，焊丝的干伸长度要始终保持一致，每侧熔化钝边0.5~1mm。仰焊打底焊时的熔孔及熔池如图2-17所示。

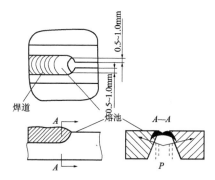

图2-17　仰焊打底焊时的熔孔及熔池

③ 焊枪角度和摆动方式　试件对接仰焊时焊枪的角度如图 2-18 所示，焊枪做小幅度锯齿形横向摆动，电弧要深入坡口根部，并利用电弧吹力防止熔池金属下坠，在此过程中不能让电弧脱离熔池。同时，要注意控制熔孔的大小，既要保证根部焊透，又要防止焊道背面下凹。

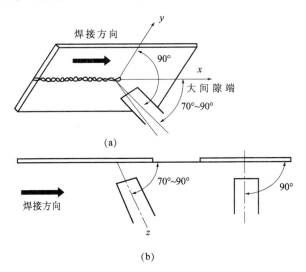

图 2-18　对接仰焊时焊枪角度
(a) 平面图；(b) 剖面图

④ 焊道接头　打底焊时应减少接头，如果确实需要接头时，应用角磨机把弧坑部位打磨成缓坡形。注意打磨时不要破坏钝边，因为这会使试件间隙局部变宽，给打底焊带来困难。接头时，从斜坡的顶端引燃电弧，当电弧燃烧到缓坡最薄处时正常摆动，并继续向右施焊即可。

2) 填充焊

① 焊接前，应先将打底层的熔渣和飞溅物等清理干净。

② 焊接时，焊枪做横向锯齿形摆动，摆到中间时速度要稍快，在坡口两侧应作短暂的停顿，以保证焊道两侧熔合良好，但不能熔化坡口两侧的棱边，以便盖面焊时能看清坡口，为盖面焊打好基础。在焊接过程中，应使填充层距试件下表面 1.5~2.0mm。

3) 盖面焊

盖面焊时，焊枪的摆动幅度比填充焊时更大一些。根据填充层的厚度调整焊接速度，应尽可能做到速度均匀，摆动幅度一致。注意观察坡口两侧的熔合情况,以避免产生两侧咬边、中间下坠等缺陷。

4)焊后检测

① 外观检查:采用宏观(目视或者5倍放大镜等)方法进行检查。

② 试件两端20mm内的缺陷不计。

③ 用焊缝检验尺测量焊缝余高和宽度的最大值和最小值,不取平均值。

④ 背面焊缝的宽度可不测定。

⑤ 检测的基本要求:焊缝表面应当是焊后的原始状态,且没有经过加工修磨或者返修焊。

5. 检查内容与评分标准(见表2-8)

表2-8 板与板对接仰焊试件的检查内容与评分标准

检查项目	标准、分数	焊缝等级				实际得分
		Ⅰ	Ⅱ	Ⅲ	Ⅳ	
焊缝余高	标准/mm	0~2	>2,≤3	>3,≤4	>4,<0	
	分数					
焊缝高低差	标准/mm	≤1	>1,≤2	>2,≤3	>3	
	分数					
焊缝宽度	标准/mm	16~20	超差1	超差2	超差3	
	分数					
焊缝宽窄差	标准/mm	≤1.5	>1.5,≤2	>2,≤3	>3	
	分数					
咬边	标准/mm	0	深度≤0.5且长度≤15	深度≤0.5长度>15,≤30	深度>0.5或长度>30	
	分数					
内凹	标准/mm	0	深度≤0.5且长度≤15	深度≤0.5长度>15,≤30	深度>0.5或长度>30	
	分数					

续表

检查项目	标准、分数	焊缝等级				实际得分
		Ⅰ	Ⅱ	Ⅲ	Ⅳ	
错边量	标准/mm	0	≤0.7	0.7~1.2	>1.2	
	分数					
角变形	标准/mm	0~1	≥1,≤3	>3,≤5	>5	
	分数					
焊缝外表成型	标准	优	良	一般	差	
		成型美观,鱼鳞均匀细密,高低宽窄一致	成型美观,鱼鳞均匀,焊缝平整	成型尚可,焊缝平直	焊缝弯曲,高低宽窄明显,有表面焊接缺陷	
	分数					
安全文明生产	标准	劳保用品穿戴齐全				
		焊接过程中遵守安全操作规程				
		焊接完毕,场地清理干净,工具摆放整齐				
	分数					

注:1. 焊缝未盖面、焊缝表面及根部修补,该试件外观判为0分。
2. 凡焊缝表面有裂纹、夹渣、未熔合、未焊透、气孔、焊瘤等缺陷之一的,该试件外观判为0分。

6. 无损检测

试件的射线透照按照 JB/T 4730—2005《承压设备无损检测》标准进行检测。射线透照质量不低于 AB 级、焊缝等级不低于Ⅱ级的试件为合格。

7. 弯曲试验

弯曲试验按照 TSG Z6002—2010 的要求和 GB/T 2653—2008《焊接接头弯曲试验方法》进行。

项目三

手工钨极氩弧焊

3.1 手工钨极氩弧焊安全操作规程

3.1.1 施焊前准备工作

(1) 必须穿戴好劳保用品。

(2) 开机前应检查电源接头的绝缘可靠性、接线的正确性以及焊机接地(零)是否良好,有无漏电现象。设备发生故障时,操作人员不得自行处理,应及时上报有关部门进行检修。移动焊机时,必须在切断总电源后才能进行移动,严禁带电移动焊机。

(3) 应经常检查手工钨极氩弧焊枪冷却水或供气系统的工作情况,发现水管堵塞或气管泄露时应立即修复或更换,以避免烧坏焊枪,影响焊接质量。

3.1.2 焊接的注意事项

(1) 必须保持手工钨极氩弧焊工作场地的空气流通,应在工作时开动通风设备,并检查通风装置是否良好。

(2) 在手工钨极氩弧焊的焊接过程中,产生的紫外线强度很大,是手工焊条电弧焊的30~50倍,很容易引起电光性眼炎或被电弧灼伤。同时,在焊接过程中产生的臭氧也会刺激和损害呼吸道,损害中枢神经系统,对眼睛也有轻度的刺激作用。而产生的氮氧化物则会引起慢性咽炎、慢性支气管炎,严重时甚至还会诱发肺细胞发生病变。因此,操作人员最好穿上白色的帆布工作服,戴好口罩、面罩及防护手套和脚盖等防护器具。

(3) 焊接回路线必须和焊件连接,不准接在管道和机床设备上,更不准搭在易燃或易爆物品上。此外,还应保证回路线绝缘性良好,机壳接地必须符合安全规定。

(4) 气瓶必须直立放置,并放在指定位置固定支撑好,防止倾倒后伤人或损坏流量计。气瓶必须装有防震胶圈,使用后必须加盖瓶帽。

(5) 操作人员应在上风侧施焊,并与焊枪保持300mm以上的距离。

(6) 气瓶内的气体不能用尽,应留有 10^6 Pa 的余气。工作结束后应关闭电源和气瓶,保持工作场地整洁、干净。

(7) 操作人员在进行磨钍钨极时,必须戴口罩和手套,并遵守砂轮机的操作规程。最好选用铈钨极(放射量较小)作为电极材料。

(8) 操作人员在进行作业时,应佩戴静电防尘口罩,尽量减少高频电作用的时间,连续工作的时间一般不要超过6个小时。

(9) 在容器内部进行手工钨极氩弧焊时,应戴专用的防护面罩,以减少吸入有害烟气,且容器外应设专人进行监护和配合。

(10) 焊接完毕后应关闭气源、水源和焊接电源,然后切断电源总闸,检查焊接的工作场地无异常情况后才可离开岗位。

3.2　手工钨极氩弧焊操作技术

3.2.1　板与板对接平焊单面焊双面成型技术

焊接方法:手工钨极氩弧焊　　接头形式:板对接接头
焊接位置:平焊　　　　　　　试件材质:Q235
焊丝型号:ER50-6　　　　　　焊丝规格(mm):ϕ2.5
钨极牌号:WCe-20　　　　　　钨极规格(mm):ϕ2.5
电流类型与极性:直流正接法
试件规格及尺寸见图3-1。

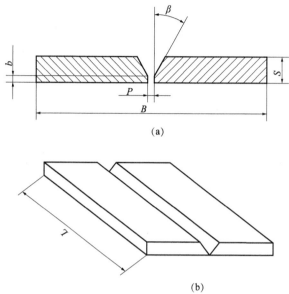

图 3-1 板与板对接平焊试件规格及尺寸

(a) 剖面图；(b) 平面图

$S=6mm$；$B=250mm$；$L=300mm$；$\beta=32°\pm1°$

1. 焊前准备

（1）将加工好的试件坡口进行修磨，以确保在试件坡口面及坡口正反两侧 20mm 处无水、锈、油污等杂质，并露出金属光泽。

（2）锉削钝边 0.5~1mm，并保证两个试件组对后比较平齐，以便在装配时间隙比较均匀。

2. 试件装配

（1）装配间隙：始焊端 2.0mm，终焊端 2.5mm。预留间隙时可以用焊条头夹在始焊端和终焊端之间来确定其大小。

（2）定位焊：为防止错边，一般在试件反面的两端进行点焊定位，然后翻过来再从正面进行加固。定位焊长度始焊端约 10mm，终焊端约 15mm，厚度约 3mm。终焊端的定位一定要牢固，以防止由于收缩变形引起间隙过小而影响焊接。

（3）预留反变形：2°~3°。

（4）错边量：小于或等于 0.6mm。

3. 焊接工艺参数（见表 3-1）

表 3-1 焊接工艺参数

焊道层次	焊丝直径/mm	钨极直径/mm	钨极伸出长度/mm	焊接电流/A	焊接电压/V	喷嘴直径/mm	气体流量/(L·min^{-1})
打底焊	2.5	2.5	4~6	90~100	10~12	8~10	8~10
盖面焊	2.5	2.5	4~6	100~110	12~14	8~10	8~10

4. 操作要点

手工钨极氩弧焊通常采用左向焊法，所以应将试件装配间隙大端放在左侧。在焊接前首先要磨削钨极，将其端部磨成尖角，如图 3-2 所示。

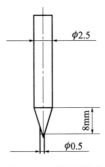

图 3-2 钨极尺寸

1) 打底焊

① 引弧位置　在试件右端定位焊缝上引弧，引弧时，采用较长的电弧（弧长 4~7mm）预热始焊处，待根部钝边熔化出现熔孔后，填加焊丝进行焊接，送丝时可以连续送丝也可以断续送丝。

② 熔孔大小　焊接打底层时，如果焊接速度和送丝速度较慢，容易使焊缝下凹或烧穿。因此焊丝送入要有规律，焊枪移动要平稳，速度要一致。焊接时，要密切注意熔孔大小和焊接熔池的变化，随时调节有关的工艺参数，以保证背面焊缝成型良好。当熔池增大、焊缝变宽并出现下凹时，则说明熔池温度过高，此时应减小焊枪与焊件的夹角，加快焊接速度；当熔池减小时，则说明熔池温度过低，此时应增加焊枪与焊件的夹角，减小焊接速度。

③ 摆动方式和焊丝、焊枪与焊件的角度　在焊接过程中，应采用小锯齿

形横向摆动,在坡口两侧时应稍作停顿,到中间时摆动的速度应稍快,并保证送丝的速度与焊接的速度协调一致。焊丝、焊枪与焊件角度如图3-3所示。

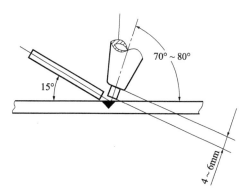

图3-3 焊丝、焊枪与焊件角度

④ 焊道接头 当更换焊丝或暂停焊接时,需要接头。这时松开焊枪上的按钮开关(使用接触引弧焊枪,立即将电弧移至坡口边缘上快速灭弧),停止送丝,通过焊机电流衰减来熄弧,但这时焊枪仍需对准熔池进行保护,待其完全冷却后才能移开焊枪。若焊机无电流衰减功能,应在松开焊枪按钮开关后稍抬高焊枪,待电弧熄灭,熔池完全冷却后移开焊枪。进行接头前,应先检查接头熄弧处弧坑的质量。如果无氧化物等缺陷,则可直接进行接头焊接;如果有缺陷,则必须先将缺陷修磨掉,将其前端打磨成斜面,然后在弧坑后侧15~20mm处引弧,缓慢向前移动,待弧坑处开始熔化形成熔池和熔孔后,继续填丝焊接。当焊至试件左侧末端时,应减小焊枪与试件的夹角,使热量集中在焊丝上,加大焊丝熔化量以填满弧坑。然后切断控制开关,焊接电流将逐渐减小,熔池也随着减小。将焊丝抽离电弧(但不离开氩气保护区)停弧后,氩气将延时约10s关闭,以防止熔池金属在高温下氧化。

2)盖面焊 盖面焊的操作与打底焊基本相同,焊接时,焊枪可做圆弧"之"字形横向摆动。但应加大焊枪的摆动幅度,以保证熔池两侧超过坡口边缘0.5~2.5mm。按焊缝余高决定填丝速度与焊接速度,尽可能保持焊接速度均匀。在焊接过程中,应注意熄弧时必须填满弧坑。

3)焊后检测

① 外观检查:采用宏观(目视或者5倍放大镜等)方法进行检查。

② 试件两端 20mm 内的缺陷不计。

③ 用焊缝检验尺测量焊缝余高和宽度的最大值和最小值,不取平均值。

④ 背面焊缝的宽度可不测定。

⑤ 检测的基本要求:焊缝表面应当是焊后的原始状态,且没有经过加工修磨或者返修焊。

5. 检查内容与评分标准(见表 3-2)

表 3-2 板与板对接平焊试件的检查内容与评分标准

检查项目	标准、分数	焊缝等级				实际得分
		Ⅰ	Ⅱ	Ⅲ	Ⅳ	
焊缝余高	标准/mm	0~1	>1,≤2	>2,≤3	>3,<0	
	分数					
焊缝高低差	标准/mm	≤1	>1,≤2	>2,≤3	>3	
	分数					
焊缝宽度	标准/mm	8~12	超差 1	超差 2	超差 3	
	分数					
焊缝宽窄差	标准/mm	≤1.5	>1.5,≤2	>2,≤3	>3	
	分数					
咬边	标准/mm	0	深度≤0.5 且长度≤15	深度≤0.5 长度>15,≤30	深度>0.5 或长度>30	
	分数					
内凹	标准/mm	0	深度≤0.5 且长度≤15	深度≤0.5 长度>15,≤30	深度>0.5 或长度>30	
	分数					
错边量	标准/mm	0	≤0.3	0.3~0.6	>0.6	
	分数					
角变形	标准/mm	0~1	≥1,≤2	>2,≤3	>3	
	分数					

续表

检查项目	标准、分数	焊缝等级				实际得分
		Ⅰ	Ⅱ	Ⅲ	Ⅳ	
焊缝外表成型	标准	优 成型美观,鱼鳞均匀细密,高低宽窄一致	良 成型美观,鱼鳞均匀,焊缝平整	一般 成型尚可,焊缝平直	差 焊缝弯曲,高低宽窄明显,有表面焊接缺陷	
	分数					
安全文明生产	标准	劳保用品穿戴齐全				
		焊接过程中遵守安全操作规程				
		焊接完毕,场地清理干净,工具摆放整齐				
	分数					

注:1. 焊缝未盖面、焊缝表面及根部修补,该试件外观判为0分。
2. 凡焊缝表面有裂纹、夹渣、未熔合、未焊透、气孔、焊瘤等缺陷之一的,该试件外观判为0分。

6. 无损检测

试件的射线透照按照 JB/T 4730—2005《承压设备无损检测》标准进行检测,射线透照质量不低于 AB 级、焊缝等级不低于Ⅱ级的试件为合格。

7. 弯曲试验

弯曲试验按照 TSG Z6002—2010 的要求和 GB/T 2653—2008《焊接接头弯曲试验方法》进行。

3.2.2 管与管对接垂直固定焊操作技术

焊接方法:手工钨极氩弧焊　　接头形式:管对接接头
焊接位置:垂直固定焊　　　　试件材质:20g
焊丝型号:ER50-6　　　　　　焊丝规格(mm):ϕ2.5
钨极牌号:WCe-20　　　　　　钨极规格(mm):ϕ2.5

电流类型与极性：直流正接法

试件规格及尺寸见图 3-4。

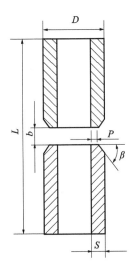

图 3-4 管对接垂直固定焊试件规格及尺寸

$S=5\text{mm}$；$D=60\text{mm}$；$L=200\text{mm}$；$\beta=32°\pm1°$

1. 焊前准备

(1) 将加工好的试件坡口进行修磨，以确保在试件坡口面及坡口正反两侧 20mm 处无水、锈、油污等杂质，并露出金属光泽。

(2) 锉削钝边 0.5~1 mm，并保证两个试件组对后同轴，以确保无错边。

2. 试件装配

(1) 装配间隙：装配间隙为 2.0~2.5mm。预留间隙时可以用 ϕ2.0 和 ϕ2.5 的焊条头来确定其大小。

(2) 定位焊：可采用一点定位，定位焊长度为 10~15mm，并保证该处的间隙为 2.5mm，与它相对处的间隙为 2.0mm。

(3) 错边量：小于或等于 0.5mm。

3. 焊接工艺参数（见表 3-3）

表3-3 焊接工艺参数

焊道层次	焊丝直径/mm	钨极直径/mm	钨极伸出长度/mm	焊接电流/A	焊接电压/V	喷嘴直径/mm	气体流量/(L·min^{-1})
打底焊	2.5	2.5	4~6	90~100	10~12	8~10	8~10
盖面焊	2.5	2.5	4~6	100~110	12~14	8~10	8~10

4. 操作要点

1）打底焊

① 引弧位置　在间隙最小处（2.0mm）引弧后预热，待坡口根部熔化形成熔孔后，将焊丝轻轻地向熔池里送入，并同时向管内摆动。将液态金属送到坡口根部，以保证背面焊缝的高度。熔池的热量要集中在坡口下部，以防止上部坡口过热，导致母材熔化过多，产生咬边或焊缝背面下坠的现象。

② 熔孔大小　由于是明弧操作，所以比较容易观察熔孔的大小。在焊接过程中，操作人员可通过电弧热量的分配，控制熔孔大小均匀一致。

③ 摆动方式和焊丝、焊枪与焊件的角度　在填加焊丝的同时，焊枪应做小幅度横向摆动并按顺时针方向均匀向前移动。在焊接过程中，填加焊丝时以往复运动的方式将焊丝间断地送入电弧内的熔池前方，并在熔池前呈滴状后加入。焊丝送进速度要均匀，不能时快时慢，以保证焊缝成型美观。

③ 焊道接头　当操作人员要移动位置，暂停焊接时，应按收弧要点操作。当操作人员再进行焊接时，焊前应将收弧处修磨成斜坡，并清理干净，在斜坡上引弧，当移至离接头约10mm处时焊枪不动。当获得清晰的熔池后，即可填加焊丝，继续从右向左进行焊接。

2）盖面焊

① 清除打底层表面的熔渣和氧化物，修平焊缝表面过高部分，采用一层两道焊接。

② 第一道焊接应使电弧的中心对准打底焊道的下沿，并做小锯齿形摆动，熔化坡口的棱边0.5~2.5mm，上侧熔化2/3打底层焊道。

③ 第二道焊接应使电弧中心对准打底焊道的上沿，焊接速度要稍快。

上侧电弧熔化坡口上沿 0.5~2.5mm，以避免上坡口产生咬边；下侧电弧熔化前一道焊缝的 1/2~2/3，以使盖面层的焊缝美观。

3）焊后检测

① 外观检查：采用宏观（目视或者 5 倍放大镜等）方法进行检查。

② 通球试验：用直径等于 0.85 倍管内径的钢球进行通球，若钢球通过则表示合格。

③ 用焊缝检验尺测量焊缝余高和宽度的最大值和最小值，不取平均值。

④ 背面焊缝的宽度可不测定。

⑤ 检测的基本要求：焊缝表面应当是焊后的原始状态，且没有经过加工修磨或者返修焊。

5. 检查内容与评分标准（见表 3-4）

表 3-4 管与管对接垂直固定焊试件的检查内容与评分标准

检查项目	标准、分数	焊缝等级				实际得分
		Ⅰ	Ⅱ	Ⅲ	Ⅳ	
焊缝余高	标准/mm	0~2	>2，≤3	>3，≤4	>4，<0	
	分数					
焊缝高低差	标准/mm	≤1	>1，≤2	>2，≤3	>3	
	分数					
焊缝宽度	标准/mm	7~11	超差 1	超差 2	超差 3	
	分数					
焊缝宽窄差	标准/mm	≤1.5	>1.5，≤2	>2，≤3	>3	
	分数					
咬边	标准/mm	0	深度≤0.5 且长度≤15	深度≤0.5 长度>15，≤30	深度>0.5 或长度>30	
	分数					
根部凸出	标准/mm	通球 $\phi=0.85d$（内径）				
	分数					
错边	标准/mm	0	≤0.5	>0.5，≤1	>1	
	分数					

续表

检查项目	标准、分数	焊缝等级 I	II	III	IV	实际得分
焊缝外表成型	标准	优 成型美观,鱼鳞均匀细密,高低宽窄一致	良 成型美观,鱼鳞均匀,焊缝平整	一般 成型尚可,焊缝平直	差 焊缝弯曲,高低宽窄明显,有表面焊接缺陷	
	分数					
安全文明生产	标准	劳保用品穿戴齐全				
		焊接过程中遵守安全操作规程				
		焊接完毕,场地清理干净,工具摆放整齐				
	分数					

注:1. 焊缝未盖面、焊缝表面修补,该试件外观判为 0 分。
2. 凡焊缝表面有裂纹、夹渣、未熔合、未焊透、气孔、焊瘤等缺陷之一的,该试件外观判为 0 分。

6. 无损检测

试件的射线透照按照 JB/T 4730—2005《承压设备无损检测》标准进行检测。射线透照质量不低于 AB 级、焊缝等级不低于 II 级的试件为合格。

7. 弯曲试验

弯曲试验按照 TSG Z6002—2010 的要求和 GB/T 2653—2008《焊接接头弯曲试验方法》进形。

3.2.3 管与管对接水平固定焊操作技术

焊接方法:手工钨极氩弧焊　　　接头形式:管对接接头
焊接位置:水平固定焊　　　　　试件材质:20g
焊丝型号:ER50-6　　　　　　　焊丝规格(mm):ϕ2.5
钨极牌号:WCe-20　　　　　　　钨极规格(mm):ϕ2.5
电流类型与极性:直流正接法
试件规格及尺寸见图 3-5。

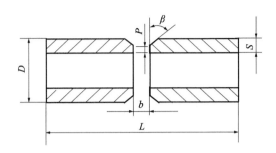

图 3-5　管对接水平固定焊试件规格及尺寸

$S = 5\text{mm}$；$D = 60\text{mm}$；$L = 200\text{mm}$；$\beta = 32° \pm 1°$

1. 焊前准备

（1）将加工好的试件坡口进行修磨，以确保在试件坡口面及坡口正反两侧 20mm 处无水、锈、油污等杂质，并露出金属光泽。

（2）锉削钝边 0.5~1mm，并保证两个试件组对后同轴，以确保无错边。

2. 试件装配

（1）装配间隙：装配间隙为 2.0~2.5mm。预留间隙时可以用焊条头夹在始焊端和终焊端之间来确定其大小。

（2）定位焊：可采用两点定位，定位焊长度为 5mm~10mm。

（3）错边量：小于或等于 0.5mm。

3. 焊接工艺参数选择（见表 3-5）

表 3-5　焊接工艺参数

焊道层次	焊丝直径 /mm	钨极直径 /mm	钨极伸出长度 /mm	焊接电流 /A	喷嘴直径 /mm	气体流量 /（L·min^{-1}）
打底焊	2.5	2.5	4~6	90~100	8~10	8~10
盖面焊	2.5	2.5	4~6	100~110	8~10	8~10

4. 操作要点

焊缝分左右两个半圈进行，在仰焊位置起弧，平焊位置收弧，每个半圈都存在仰、立、平三个不同的位置。

1) 打底焊

① 引弧位置　在管道横截面上相当于时钟"5点"的位置（焊右半圈）和时钟"7点"的位置（焊左半圈）引弧，如图3-6所示。引弧时，钨极端部应离开坡口面1~2mm。引弧后先不加焊丝，待根部钝边熔化出现熔孔后，再填加焊丝，当形成明亮清晰的熔池后将焊枪匀速上移。填丝有外填丝法和内填丝法两种，如图3-7所示。本次操作采用的是外填丝法，如图3-7（a）所示。

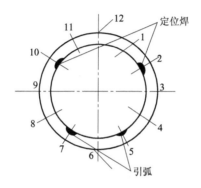

图3-6　定位焊和引弧处

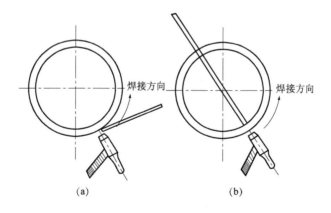

图3-7　两种不同的填丝方法

(a) 外填丝法；(b) 内填丝法

② 摆动方式和焊丝、焊枪与焊件的角度　在焊接过程中，焊枪做小幅度月牙形横向摆动，钨极与管子的轴线成90°，焊丝沿管子切线方向与

钨极成90°左右，如图3-8所示。在仰焊位置送丝时，应有意识地将焊丝往根部"顶送"，使管壁内部的熔池成型，以避免根部凹坑。当焊至平焊位置时，焊枪角度应逐渐变小，焊接速度加快，以避免由于熔池温度过高而导致熔池下坠。若熔池过大，可利用电流衰减功能，适当地降低熔池温度，以避免在仰焊位置出现凹坑或在其他位置出现凸起。在整个施焊过程中，应保持等速送丝，且焊丝端部始终处于氩气保护区内。

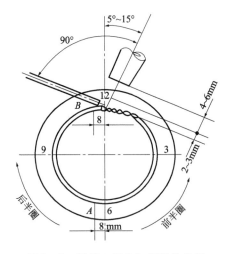

图3-8 焊丝、焊枪与焊件的角度

③ 焊道接头 在施焊过程中要中断或更换焊丝时，应先将收弧处的焊缝打磨成斜坡，在斜坡后约10mm处重新引弧。当电弧移至斜坡内侧时稍加焊丝。当焊至斜坡底部并出现熔孔后立即送丝转入正常焊接。同时，焊枪应做小幅摆动，使接头部位充分熔化，形成平整的接头。前半圈收弧时，应向熔池送入2~3滴填充金属使熔池饱满，同时将熔池逐步过渡到坡口侧，然后切断控制开关，使电流衰减，熔池温度逐渐降低，然后熔池由大变小，形成椭圆形。电弧熄灭后，应延长对收弧处的氩气保护，以免发生氧化或出现裂纹和缩孔。前半圈焊完后，应将仰焊起弧处的焊缝端部修磨成斜坡状。后半圈施焊时，先将前半圈仰焊位置焊道的引弧处打磨成缓坡，从缓坡顶部引弧焊至缓坡底部形成熔孔后，再按前半圈方法施焊，其余位置的焊接方法与前半圈相同。当焊至横截面上相当于时钟"12点"的位置时收弧，还应与前半圈焊缝重叠5~10mm。

2）焊后检测

① 外观检查：采用宏观（目视或者 5 倍放大镜等）方法进行检查。

② 通球试验　用直径等于 0.85 倍管内径的钢球进行通球，若钢球通过则表示合格。

③ 可用焊缝检验尺测量焊缝余高和宽度的最大值和最小值，不取平均值。

④ 背面焊缝的宽度可不测定。

⑤ 检测的基本要求：焊缝表面应当是焊后的原始状态，且没有经过加工修磨或者返修焊。

5. 检查内容与评分标准（见表 3-6）

表 3-6　管与管对接垂直固定焊试件的检查内容与评分标准

检查项目	标准、分数	焊缝等级				实际得分
		Ⅰ	Ⅱ	Ⅲ	Ⅳ	
焊缝余高	标准/mm	0~2	>2, ≤3	>3, ≤4	>4, <0	
	分数					
焊缝高低差	标准/mm	≤1	>1, ≤2	>2, ≤3	>3	
	分数					
焊缝宽度	标准/mm	7~11	超差1	超差2	超差3	
	分数					
焊缝宽窄差	标准/mm	≤1.5	>1.5, ≤2	>2, ≤3	>3	
	分数					
咬边	标准/mm	0	深度≤0.5 且长度≤15	深度≤0.5 长度>15, ≤30	深度>0.5 或长度>30	
	分数					
根部凸出	标准/mm	通球 $\phi = 0.85d$（内径）				
	分数					
错边	标准/mm	0	≤0.5	>0.5, ≤1	>1	
	分数					

续表

检查项目	标准、分数	焊缝等级				实际得分
		Ⅰ	Ⅱ	Ⅲ	Ⅳ	
焊缝外表成型	标准	优 成型美观,鱼鳞均匀细密,高低宽窄一致	良 成型美观,鱼鳞均匀,焊缝平整	一般 成型尚可,焊缝平直	差 焊缝弯曲,高低宽窄明显,有表面焊接缺陷	
	分数					
安全文明生产	标准	劳保用品穿戴齐全				
		焊接过程中遵守安全操作规程				
		焊接完毕,场地清理干净,工具摆放整齐				
	分数					

注:1. 焊缝未盖面、焊缝表面修补,该试件外观判为0分。
    2. 凡焊缝表面有裂纹、夹渣、未熔合、未焊透、气孔、焊瘤等缺陷之一的,该试件外观判为0分。

6. 无损检测

试件的射线透照按照 JB/T 4730—2005《承压设备无损检测》标准进行检测。射线透照质量不低于 AB 级、焊缝等级不低于Ⅱ级的试件为合格。

7. 弯曲试验

弯曲试验按照 TSG Z6002—2010 的要求和 GB/T 2653—2008《焊接接头弯曲试验方法》进行。

参考文献

[1] 劳动和社会保障部.中国就业培训技术指导中心焊工（初级技能　中级技能　高级技能）[M].北京：中国劳动社会保障出版社，2002.

[2] 中国焊接协会，中国机械工程焊接学会.焊接培训与资格认证委员会国际焊工培训[M].哈尔滨：黑龙江人民出版社，2002.

[3] 范绍林.现代焊接[M].北京：中冶天工钢构容器分公司，2009.

[4] 中华人民共和国国家质量监督检验检疫总局.TSG 特种设备安全技术规范 TSG Z6002—2010[S].2010.

[5] 劳动和社会保障部.办公室职业技能鉴定指导（初级　中级　高级）[M].北京：中国劳动社会保障出版社，2004.